非物质文化遗产丛书

Intangible Cultural Heritage Series

北京鸽哨

尚利平　著

北京市文学艺术界联合会　组织编写

北京出版集团公司
北京美术摄影出版社

图书在版编目（CIP）数据

北京鸽哨 / 尚利平著 ; 北京市文学艺术界联合会组织编写. — 北京 : 北京美术摄影出版社，2017.1
（非物质文化遗产丛书）
ISBN 978-7-5592-0002-0

Ⅰ. ①北… Ⅱ. ①尚… ②北… Ⅲ. ①鸽—文化—北京 Ⅳ. ①S836

中国版本图书馆CIP数据核字（2017）第030106号

非物质文化遗产丛书

北京鸽哨

BEIJING GESHAO

尚利平　著

北京市文学艺术界联合会　组织编写

出　版　北京出版集团公司
　　　　北京美术摄影出版社
地　址　北京北三环中路6号
邮　编　100120
网　址　www.bph.com.cn
总发行　北京出版集团公司
发　行　京版北美（北京）文化艺术传媒有限公司
经　销　新华书店
印　刷　北京方嘉彩色印刷有限责任公司
版　次　2017年1月第1版第1次印刷
开　本　190毫米×245毫米　1/16
印　张　11.75
字　数　169千字
书　号　ISBN 978-7-5592-0002-0
定　价　68.00元

编委会

组织编写

北京市文学艺术界联合会

北京民间文艺家协会

序

PREFACE

赵　书

2005年，国务院向各省、自治区、直辖市人民政府，国务院各部委、各直属机构发出了《关于加强文化遗产保护的通知》，第一次提出“文化遗产包括物质文化遗产和非物质文化遗产”的概念，明确指出：“非物质文化遗产是指各种以非物质形态存在的与群众生活密切相关、世代相承的传统文化表现形式，包括口头传统、传统表演艺术、民俗活动和礼仪与节庆、有关自然界和宇宙的民间传统知识和实践、传统手工艺技能等，以及与上述传统文化表现形式相关的文化空间。”在北京市“保护为主、抢救第一、合理利用、传承发展”方针的指导下，在市委、市政府的领导下，非物质文化遗产保护工作得到健康、有序的发展，名录体系逐步完善，传承人保护逐步加强，宣传展示不断强化，保护手段丰富多样，取得了显著成绩。

2011年，第十一届全国人民代表大会常务委员会第十九次会议通过《中华人民共和国非物质文化遗产法》。第三条中规定“国家对非物质文化遗产采取认定、记录、建档等措施予以保存，对体现中华民族优秀传统文化，具有历史、文学、艺术、科学价值的非物质文化遗产采取传承、传播等措施予以保护”。第八条中规定“县级以上人民政府应当加强对非物质文化遗产保护工作的宣传，提高全社会保护非物质文化遗产的意识”。为了达到上述要求，在市委宣传部、组织部的大力支持下，北京市于2010年开始组织编辑出版“非物质文化遗产丛书”。丛书的作者为非物质文化遗产项目传承人以及各文化单位、科研机构、大专院校对本专业有深厚造诣的著名专家、学者。这套丛书的出版赢得了良好的社会反响，其编写具有三个特点：

第一，内容真实可靠。非物质文化遗产代表作的第一要素就是项目内容的原真性。非物质文化遗产具有历史价值、文化价值、精神价值、科学价值、审美价值、和谐价值、教育价值、经济价值等多方面的价值。之所以有这么高、这么多方面的价值，都源于项目内容的真实。这些项目蕴含着我们中华民族传统文化的最深根源，保留着形成民族文化身份的原生状态以及思维方式、心理结构与审美观念等。非遗项目是从事非物质文化遗产保护事业的基层工作者，通过走乡串户实地考察获得第一手材料，并对这些田野调查来的资料进行登记造册，为全市非物质文化遗产分布情况建立档案。在此基础上，各区、县非物质文化遗产保护部门进行代表作资格的初步审定，首先由申报单位填写申报表并提供音像和相关实物佐证资料，然后经专家团科学认定，鉴别真伪，充分论证，以无记名投票方式确定向各级政府推荐的名单。各级政府召开由各相关部门组成的联席会议对推荐名单进行审批，然后进行网上公示，无不同意见后方能列入县、区、市以至国家级保护名录的非物质文化遗产代表作。丛书中各本专著所记述的内容真实可靠，较完整地反映了这些项目的产生、发展、当前生存情况，因此有极高历史认识价值。

第二，论证有理有据。非物质文化遗产代表作要有一定的学术价值，主要有三大标准：一是历史认识价值。非物质文化遗产是一定历史时期人类社会活动的产物，列入市级保护名录的项目基本上要有百年传承历史，通过这些项目我们可以具体而生动地感受到历史真实情况，是历史文化的真实存在。二是文化艺术价值。非物质文化遗产中所表现出来的审美意识和艺术创造性，反映着国家和民族的文化艺术传统和历史，体现了北京市历代人民独特的创造力，是各族人民的智慧结晶和宝贵的精神财富。三是科学技术价值。任何非物质文化遗产都是人们在当时所掌握的技术条件下创造出来的，直接反映着文物创造者认识自然、利用自然的程度，反映着当时的科学技术与生产力的发展水平。丛书通过作者有一定学术高度的论述，使读者深刻感受到非物质文化遗产所体现出来的价值更多的是一种现存性，对体现本民族、群体的文化特征具有真实的、承续的意义。

第三，图文并茂，通俗易懂，知识性与艺术性并重。丛书的作者均是非物质文化遗产传承人或某一领域中的权威、知名专家及一线工作者，他们撰写的书第一是要让本专业的人有收获；第二是要让非本专业的人看得懂，因为非物质文化遗产保护工作是国民经济和社会发展的重要组成内容，是公众事业。文艺是民族精神的火烛，非物质文化遗产保护工作是文化大发展、大繁荣的基础工程，越是在大发展、大变动的时代，越要坚守我们共同的精神家园，维护我们的民族文化基因，不能忘了回家的路。为了提高广大群众对非物质文化遗产保护工作重要性的认识，这套丛书对各个非遗项目在文化上的独特性、技能上的高超性、发展中的传承性、传播中的流变性、功能上的实用性、形式上的综合性、心理上的民族性、审美上的地域性进行了学术方面的分析，也注重艺术描写。这套丛书既保证了在理论上的高度、学术分析上的深度，同时也充分考虑到广大读者的愉悦性。丛书对非遗项目代表人物的传奇人生，各位传承人在继承先辈遗产时所做出的努力进行了记述，增加了丛书的艺术欣赏价值。非物质文化遗产保护人民性很强，专业性也很强，要达到在发展中保护，在保护中发展的目的，还要取决于全社会文化觉悟的提高，取决于广大人民群众对非物质文化遗产保护重要性的认识。

编写“非物质文化遗产丛书”的目的，就是为了让广大人民了解中华民族的非物质文化遗产，热爱中华民族的非物质文化遗产，增强全社会的文化遗产保护、传承意识，激发我们的文化创新精神。同时，对于把中华文明推向世界，向全世界展示中华优秀文化和促进中外文化交流均具有积极的推动作用。希望本套图书能得到广大读者的喜爱。

2012 年 2 月 27 日

序

PREFACE

杨建业

看到尚利平老师的《北京鸽哨》成书了，很是欣喜。

每个城市都有自己的声音，这些声音各式各样，但我相信，没有一种声音会如在北京城市上空的鸽哨声一般美妙。

我小时候养过鸽子。

很少的几只。

那时候，我住在天桥附近的一个大院子里面。院子里有好几家人都养鸽子。别的院子里面那些养鸽子的人，也常用笼子提着鸽子到我们院子来，互相聊聊养鸽子的那些事。聊得差不多了，那些人就会把笼子里面的鸽子放出来，在院子的空中亮盘。然后，让这些鸽子自己飞回家去。他们在放的时候，总鼓动我们院子里那些养鸽子的也把鸽子放起来。这样做的目的，是想把我们院子里的鸽子裹走几只，因为刚起飞的鸽子很容易跟着在天上盘的鸽子走。这时，我们院子里那些养鸽子的人大多不会上当。当然，也有不服气的，这时也会随着放出两盘鸽子，看能不能把这些要回家的鸽子裹下来。如果有谁的鸽子被裹走了，或者是被裹下来了，那都是会觉得很丢脸的。

我那时候很小，从大人们口中听到的最多的鸽子品种就是点子。常听他们竖起大拇指，说，谁谁谁又进了几只点子，飞得倍儿飒。除了点子，还有铁膀、楼鸽。

飞在空中的一盘鸽子中，会有一两只带着哨子的。点子一般不带哨，带哨的都是铁膀、楼鸽。都说好鸽子不带哨，但一盘鸽子从空中飞过，要是没有哨，真是让人很失望。有影，还要有声，才叫完美。

现在人们都说，鸽哨的声音很美，鸽哨的声音才让人想到真正的老北京。可我小的时候，父母大都不让孩子养鸽子。因为在北京的胡同、院子里，只要养鸽子的，没有不打架的。20世纪六七十年代，大家都没什么钱，买鸽子养的人很少，大多是跟朋友、街坊要的。平时只要有鸽子从天上飞过，我们院子养鸽子的那些人就会把自己的鸽子轰起来，想把路过的鸽子给裹下几只来。如果真有一两只落单的鸽子落在了房屋顶上，那全院子的小孩都会争着上房去捂鸽子。

不管是裹下来的鸽子，还是在屋顶上捂住的鸽子，都会有人找上门来要。开始是抓了鸽子的人和鸽子主人一对一地说。这个阶段主要还是嘴上过招，那鸽子肯定是要不走的。这之后，鸽子主人再来时就会叫上几个帮手。人一多，说着说着就会动起手来。说到底，那些从天上裹下来的，还有从房顶上捂下来的鸽子，最后都很少能真的落在手里。因为谁也舍不得把自己的鸽子给别人。

我很小的时候就特别喜欢鸽子，羡慕那种能在天上飞的感觉，总想自己也能养几只，让它们替我在天上飞飞。但因为刚上小学，家里不让我养。那时候，奶奶养了几只鸡。没有鸽子，我就拿奶奶的鸡当鸽子。把它们抓在手里，然后往天上扔。那些老母鸡也能在空中扑棱着翅膀飞上一段，但奶奶看了很心疼。家里人看我这么痴迷，就答应给我找两只鸽子让我养养。

于是，姑姑就从她的同学那里给我要了两只鸽子。那是两只小楼鸽，是用一个小铁笼子弄过来的。当笼子递到我手上时，我高兴得心都要跳出来了。我看着两只鸽子的眼睛，觉得它们都认识我。小鸽子还不能放飞，要等它们和我熟了才成。我每天从奶奶的厨房里弄好多老玉米、豆子来喂我的小鸽子。

姑姑的同学答应我，等鸽子能放的时候，也给我找只鸽哨。我说要二筒的。他说，你鸽子小，带个单筒的就成，大了戴不住。

鸽子要放飞，那是要经过训练的。我那么小，根本不可能把鸽子练出来。没有人跟我说，给我的两只鸽子根本就上不了天。而我当时也并没有意识到这一点。我天天用心地喂着我的小鸽子，天天盼着它们长大，等着它们在天空飞翔的那一天。我想听到从它们身上发出的鸽哨声。

只是我没能等到这一天。

这天我放学回来，直奔鸽笼那里。但是，笼子倒在地上。笼子的门是开的，里面也没有了我的小鸽子。奶奶说，有只大猫来叼笼子，她把猫轰跑了，但猫把笼子的门给弄开了，两只小鸽子自己飞跑了。

我想，小鸽子一定会自己飞回来的！我对它们那么好，它们会想我的。我把小笼子开着门，每天一放学就坐在笼子旁边等着。等了它们好几天，但它们一直没有回来。

每当天上有鸽哨声传来时，我就会想到我飞走的那两只小鸽子。

北京的天空中响过的鸽哨声，牵扯着多少人的情怀？

几年前，尚利平老师和她的老伴何永江老师走进我们非遗中心，说要将北京鸽哨申报非遗项目。我心中一动。就像当年初见到我那两只小鸽子似的。

但我还是有个疑问，北京玩鸽子的那么多，你们的鸽哨到底有什么特点呢？

跟两位老师细一聊，才豁然开朗。永字鸽哨原来大有来头。

尚利平的老伴何永江是北京永字鸽哨的传承人。

有关北京鸽哨的起源、传承和发展，我在这里就不多说了。尚利平老师在书中说得很详细了。我只想说，没有比尚利平老师更适合写《北京鸽哨》这本书的作者了。

何永江老师专注于鸽哨的制作，对其余事物都很少用心。北京鸽哨的项目申报文本，都是尚利平老师来写的。项目成功进入东城区级非遗名录后，又进入了北京市级名录，受到了社会的广泛关注。北京电视台、北京日报、北京晚报等多家媒体，都多次对北京鸽哨这个项目进行了报道。很多和非遗有关的宣传展示活动中，只要有何永江老师出现，你就一定会看到同他并肩站在一起的尚利平老师。

感谢尚利平、何永江两位老师为北京鸽哨非遗项目传承发展作出的贡献。

感谢北京市文学艺术界联合会对北京鸽哨这个项目的扶持。

感谢北京出版集团为本书出版所做的工作。

这是一本智慧与体验、理论与实践完全融合的“美文”。

这是一部寄托了北京城市情怀的大作。

祝《北京鸽哨》受到更多读者的欢迎。

2016年9月4日

前言

FOREWORD

我于1952年出生于北京，1968年回乡知青。是中国纪实文学研究会会员、北京民间文艺家协会会员、北京东城区作家协会理事、河北省作家协会会员。曾出版民俗类图书《老北京杂拌儿》，并曾多次在《北京晚报》发表文章。

本书中北京市级非物质文化遗产项目、北京鸽哨制作技艺代表性传承人何永江是我的老伴。

红墙黄瓦老皇城、青砖灰瓦四合院，又说豆汁焦圈钟鼓楼、蓝天白云鸽子哨。要说四合院是老京城的图腾的话，那鸽哨就是四合院的小图腾；要说有老念想的话，那么鸽哨是老北京的念想更没得说。

解读鸽哨的渊源，得从养鸽谈起，北京建都八百多年，鸽子与哨的文化算起来在民间也流传了几百年。养鸽源于老北京胡同里的四合院、平民院、大杂院，后来进入皇宫，而鸽哨又由皇宫内院流传至民间。说起来，老京城的三教九流当中都有养鸽和玩哨的人。因为鸽子习性温顺、聪明，信鸽耐吃苦、耐飞远途、走趟子规矩，所以就有了之后的赛鸽。长相漂亮，站有站相，飞有飞相，羽毛颜

◎ 永字鸽哨展示 ◎

色正的，就分出了观赏鸽。由于鸽子群居，便成为胡同里平房院里的常见物，深受养鸽人的喜爱。养鸽人欣赏着自己的鸽子飞盘、摔盘、落房、进窝、梳理的一系列程序动作，尤其是飞盘过程的美，心里的那种享受恐怕是其他所无法比拟的。据养鸽人自己叙述，秋高气爽，闲暇之余，手端一杯清茶，仰望天空，蓝天白云下，几盘鸽子从窝里争相飞向空中，耀眼的阳光中，闪着亮点儿的斑点，楼鸽、点子、铁膀、乌头、铁翅乌、铜翅乌、黑玉翅等等大小嘴儿的鸽子上下飞舞，抖出无数折射光的亮点，或低或高。低，盘旋于屋脊之上；高，融入碧蓝色的云海之中。随着成群鸽子展翅飞过头顶，羽翼摩擦空气的哗哗声响与鸽哨的美妙合音响彻耳边，心里那个美就别提了。

当鸽群从人们的头顶掠过，人们会惊奇地发现，具有灵性的鸽子从空中俯瞰养鸽人，同时做出各种表演，取悦鸽主，翻筋斗、斜飞、平飞、抖翅、俯冲、拔高。鸽主兴奋不已，拿出准备好的系着红布条的竹竿挥舞，随着红布条的舞动，鸽群高飞、低飞、转圈，鸽主冲天空打着口哨，鸽子群飞、急飞、慢飞、拔起、落下，哨音瞬间戛然而止，耳边仍是余音袅袅。

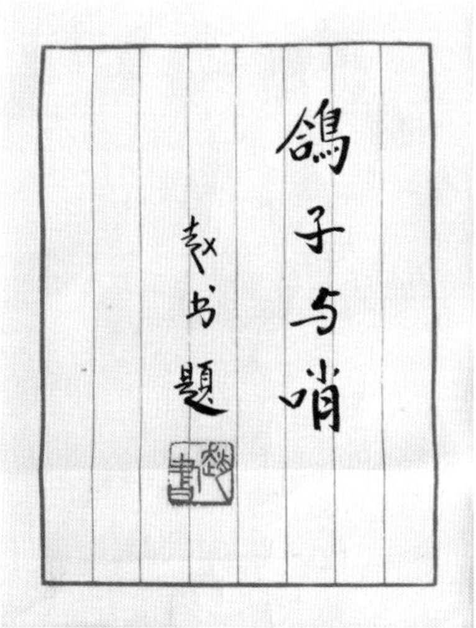

◎ 民俗专家赵书题字 ◎

只谈养鸽，何谈鸽哨。

实为养鸽，更为鸽哨。

“凡放鸽之时，必以竹哨缀于尾上，谓之壶卢，又谓之哨子，壶卢有大小之分，哨子有三联、五联、十三星、十一眼、双筒、截口、众星捧月之别。盘旋之际，音彻云霄，五音皆备，真可以悦耳陶情。”（摘自［清］富察敦崇《燕京岁时记》，第45页，北京古籍出版社，1983年出版。）

◎《燕京岁时记》◎

“鸽铃之制，不知起于何时，其原料则以竹管、苇节、葫芦等为之。上敷以漆，利用空气之吹入而宽仄其哨口，其容积，从而声音有强、弱、大、小、高、低、巨、细之不同，于是其形状名称亦异，约数十百种也。……以吾所知，制铃名手，由所谓‘慧、永、兴、鸣、忠’者，其人之姓名年代，言人人殊，莫可究诘。”（摘自［民国］于

◎《都门豢鸽记》◎

照《都门豢鸽记》，第206页，晨报出版社，民国十七年出版。）

“北京鸽哨，已有很长的历史，并早就有专业的生产者，不过史料和实物尚有待发现。入清以后，制作精良，音响绝妙，声名烜赫，被尊为一代宗师的，首推生于嘉庆初年署名‘惠’字的制哨家。‘惠’字以下，公认堪称名家的又有署名‘永’（老永）、‘鸣’‘兴’‘永’（小永）、‘祥’‘文’‘鸿’等七人，共得八家。至于一般制者，人数尚多。”（摘自王世襄编著的《京华忆往》一书中《北京鸽哨》篇，第213页，生活·读书·新知三联书店，2010年出版。）

◎《京华忆往》◎

现如今，北京鸽哨制作名家，“老四家”除了“永”字，别家儿的传承是指望不上了。那些家儿年头太远，而且记忆也随着人去了，就连后来的“小四家”里的“祥”和“鸿”字也没听见有人在传。在民间，在百姓之中，制作鸽哨的家儿听到不少，但是这些家儿都是自个儿自学、自攥成才的，估摸着也得有那么几十家之多。

在京城，有传承历史的和没有师传的鸽哨制作技艺，细想起来，都在延传、支撑、点缀着京城的一片蓝天。回忆和欣赏北京鸽哨制作技艺，和那空中音乐，已成为百姓心中永远的念想和佳话。

本书中，因为北京鸽哨是个大的概念，又因鸽哨有门派之分，只借此机会尽量详细地介绍了永字鸽哨，书中不妥之处，尚希读者不吝赐教。

目录

CONTENTS

第一章

记忆深处的鸽哨

第一节　王太监走出皇宫

第二节　隆福寺的鸽哨

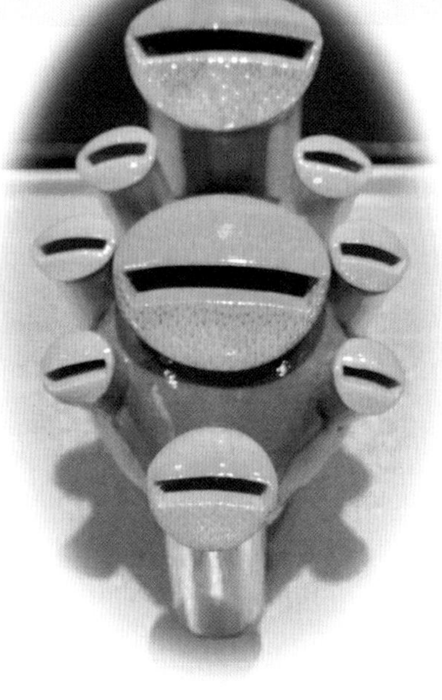

第一节

王太监走出皇宫

北京鸽哨是皇宫里传出的。

那是在1810年左右，皇宫里专管养花、养鸟的王太监老了，得皇上恩宠出了宫，在安定门里盖了一座太监府，就是后来小德张住的那座宅子。这王太监整天坐骡驮的轿子出来闲溜达，溜达是为了找个熟悉、够得上他的份儿的地方，于是他看中了隆福寺。养花、养鸟、养鸽子自然是去鸽子市，可鸽子市不能天天有啊，于是，他看上了有做鸽哨材料的臧家篾子铺。当然，去臧家篾子铺也是忘不了摆谱儿的，只要看到铺子门口有骡驮的轿子，路过的人就知道，一准是王太监在里面。这骡驮的轿子现在没有人知道了，大概是两匹骡子驮一顶轿子，再由服侍王太监的小太监骑骡子上用脚踩着轿杠，王太监在中间的蓝布围子的轿子里坐着，骡子脚力快，而且稳当，还气派。王太监在皇宫里服侍了一辈子，他老了，只想做点积德的好事，这也是王太监后来教授臧家篾子铺伙计手艺的原因。

臧家篾子铺的掌柜人缘好、待人和气，每次王太监来，都会喊来伙计帮着稳轿子，好让王太监顺利地下轿。每次王太监来，掌柜的总是茶水、零食地侍候着。这臧家篾子铺的掌柜心不迷，他的眼里谁都是客。篾子铺的伙计们勤快，时常为买家加工一些尺寸不合适的竹器、竹帘，剩下点儿料头，就拣好的堆放在一边，等买主。有聪明的伙计就用这些竹料零头做一些小玩意儿，掌柜的看见什么都不说，还很欢喜。掌柜的认为，伙计们多学点手艺是件好事，不但买卖上做起来省心，还能让外人觉得自己铺子里的伙计透透灵灵的。

臧掌柜的为人，王太监看在眼里，记在心里，他也是个苦人，因为家里穷，不得已，才进宫当了太监。虽说现在穿金戴银的，可那不是人过的日子。王太监觉得臧掌柜的铺子像是个家，有家的温暖。而且臧掌柜与伙计们同吃同住，压根儿就没把伙计们当外人，为人也很好。于是王太监决定把自己学的那点儿插鸟笼、剜鸽哨的手艺传给臧家的伙计们。

第二节

隆福寺的鸽哨

北京鸽哨中的永字鸽哨起源于隆福寺。

隆福寺坐落在东四北大街，寺后门开在了钱粮胡同。

隆福寺始建于明景泰三年（1452年）。清雍正九年（1731年）重修。隆福寺在明代是京城唯一的一座喇嘛与和尚同驻的寺院。清代才改为喇嘛庙。隆福寺殿宇宏伟，共六层。光绪二十七年（1901年）毁于大火。

追溯北京鸽哨永字鸽哨的历史，得先从东城的老隆福寺说起。说起老隆福寺，老北京人没有不知道的。从前最热闹的，是东西两庙的庙会。东是隆福寺庙会，农历每月逢一、二、九、十举行，共四次，是全城最大的庙会。西是护国寺庙会，农历每月逢七、八举行，共两次。可见，隆福寺庙会在其他庙会之上，人多货多，那个热闹就更不必说了。

每逢隆福寺庙会，隆福寺庙前的街上，东半拉是卖小吃的，西半拉是卖小商品的。隆福寺庙的夹道是卖鸽子的，当时，这就是四九城内最有名的鸽子市。这个隆福寺鸽子市，贫的富的、男的女的、老的少的，都有，全国各地的名流、玩主都云集此处。“河里无鱼市上找”，这句话说的就是老隆福寺，一点也不夸张。

老隆福寺的小吃有名，老隆福寺的地摊百货也有名；老隆福寺的香火旺有名，老隆福寺的人气旺更有名，但在鸽主的心中却是鸽子市最有名，在老百姓的心中那响彻老京城上空的鸽哨声音更有名。

第二章 谁来传承

第一节

永字鸽哨第一代——老永

永字鸽哨的创始人是老永，生于1830年左右，老永的鸽哨流行于1850年至1880年前后。

老永，谁也不知道他真正叫什么，谁也说不清楚他的“永”字是号还是名，是随便叫的，还是顺口的小名。反正，老永这个名字让市上的人叫惯了，就流传了下来。

老永那会儿年轻，吃着皇家的俸禄，觉得不过瘾，总想到市面上寻点乐子。除了平时提笼架鸟、抛金玩玉外，他还是觉得闲着。每回路过臧家篾子铺看到王太监的骡驮轿，知道这王太监又来了。臧掌柜和老永也是熟识，老永时不时会来光顾这篾子铺，他见王太监总是光顾臧家篾子铺，于是，一天，他挑门帘也慢步走了进去。王太监是什么人？他早从门帘那边打量过老永。只见这老永，福字的马褂，紫色的长袍，一臂长的烟袋，翠的烟袋嘴，手上的绿扳指，腰上玉的如意佩，油面溜滑的脸，整个一个名副其实的爷。王太监一见，先打千，后躬了腰，认了主子。

老永看到伙计们手里的半茬子活儿，眼睛发亮，便不顾身份，也缠着王太监问这问那。王太监见这，自然乐得卖个好，答应传授老永。

八旗子弟学艺哪有那么容易的，整日介是油瓶倒了都不扶的主儿，使刀具，和竹料打交道，那不是拿人打镲吗？老永，平时好练个刀剑什么的，拿刀还行，他用刀削了个竹片，试了试，还算顺手。

宫里的玩意儿不好往外带，但王太监居然为了老永，拿来了一件二筒影模。什么是影模？就是样子，学艺的人照着样子，先仿着做，不会的再问师父。王太监告诉老永，这鸽哨本是民间的玩意儿，皇上不知啥时候听见过鸽哨声，龙心大悦，就将地方官找了来，在宫里养了几只鸽子，戴着玩儿。这鸽哨不能老不坏呀！磕着碰着都吓坏了他们，于是王太监就想了个法子，把鸽子戴过磕坏了的鸽哨，顶着杀头的罪，拉开看看是怎么做的，然后，他带着鸽把式学着做，做着做着，就会了。现在他老了，没事干了，看着这箧子铺有现成的材料，伙计们又肯学，教谁不是教啊，孤身一人一辈子了，就留下点好，留点念想吧！

王太监说："主子，我的这是姓皇，您哪，拆一个不姓皇的，不就会了吗？我这两手再托着您，一准儿叫响！"

老永拿着二筒哨子，不知从哪下手，他拿起刀来就想劈开，想看看两只筒里面究竟是什么样的。

王太监不干了，"祖宗，爷，这是皇宫里的东西，您就不怕杀头。"

老永虽莽撞，但也不敢再看个究竟。老辈子，学个手艺难着呢！老永睡不着觉，天天想着做把哨子，让它在空中响。于是老永包下了臧家箧子铺里的全部竹料，他要和铺子里的伙计们一块做。没几天儿，老永的手就被刀子割得东一块西一块的。他比着鸽哨的样模尺寸拉了一截，那会儿的刀具哪有现成的，都得找打铁的现打制，刀刃、刀锋厚不说，还不均，要想剜哨子，就得自个儿磨。慢慢地，老永摸出点门道。

这会儿的"惠"字早老永二十余年，已在市上有名。老永在学哨之前，收集过"惠"字的鸽哨。那会"惠"字的哨口与早年的不同，由口宽而平修改成狭长而隆起，但"惠"字对哨子的制作要求很高，一丝不苟。主体音洪亮而浑厚，小响清脆嘹亮。故此，让老永玩起来爱不释手。这也是老永见王太监教箧子铺伙计们眼热的原因。老永朝思暮想地想做一把属于自己的哨子。因为剜哨子，缎面的衣服经常被竹料划破，于是脱下了华服，换上了粗布衣服。

当老永学成后，臧家箧子铺无端地着了一把火，铺子里的货烧了个精光，臧家掌柜也没有心思再干下去了，伙计们也四散，自己找出路去了。老永离开后，便自己开了家鸽哨铺子，创立门派"永"字。老永为了让自己门上的哨子精良，在哨口上剜口装小崽，也称门崽或抱崽。后来看市上卖哨的多了好几家，他又自己创新把竹筒切开制作出四响二筒。制作带崽鸽哨已经很难，制作截口四响二筒就更难了。这样，在鸽哨制作工艺上有“惠”字在先，老永理所当然地排在第二。因为，老永不仅剜哨技艺高，制作出来的鸽哨的声音，更是清脆悦耳，音准、音高、音色都有了很大进步。这让买主们高兴不已。

当鸽哨作为一种玩物出现在老京城，最开始并不受普通的百姓认可。那是因为，玩鸽子的一般都是闲人，佩戴鸽哨的鸽主们最开始都是些有钱人。

后来，世人才知道，永字鸽哨第一代老永，是清年间镶白旗人，世袭俸禄。因此他受到篦子铺掌柜的高待。就这样，认识了宫中出来养老的王太监，学到了制作鸽哨的本领。有话说“师父领进门，修行靠个人”。王太监的亲授和“小锅饭”奠定了老永剜哨技艺的基础，但是老永个人对剜哨技艺的酷爱和钻研精神，才是将永字鸽哨推向了新高度的原因。

剜哨是鸽哨制作技艺中的行话，剜，字典解释为用刀子等挖。一点不错，剜哨的工具以刀子为主，工艺以剜为主，毕竟懂行话的人越来越少，“制作”和“做”的叫法代替了剜。

执着的追求，让老永鸽哨有了代表作——二筒带崽，也就是鸽哨的前脸口上带小响，也称小崽或者叫抱崽。二筒带三小崽，俗称小闹子的二筒有了新的生命。当初，鸽哨的前身只是一个筒，鸽哨制作人觉得声音有些单调就又发明了两个筒连在一起。由于哨口发音位置，二筒的形成一高一矮，好似小两口绑在一起，男人高大雄壮，女人娇小文弱。当鸽子在天空盘旋、上飞、下飞、俯冲时，二筒的二音有高有低，远近的声音让鸽主们非常兴奋。于是，几个鸽主或十几个鸽主，让鸽子们佩戴一把或几把哨子飞上天空。鸽主们认为声音清脆好听，而街坊邻居们觉得像小两口过日子，很吵很闹，小闹子的名字便传开来。后来，随着老永对鸽哨不断的琢磨、尝试，五音的1和2在二筒的音高里越来越悦耳，越来越好听。

说一下鸽哨中运用的音高，要想让鸽子们戴上的哨子好听，就必须懂得音高。古代时，音乐只有12356五个音符，在鸽哨传承到老永时，八音截口葫芦已经诞生，虽然不那么成熟，但在老永不断地修改、不断地钻研中，让葫芦鸽哨发出了高低不同的五个音。就这样，竹、苇、葫芦作为材料，经过老辈子那会儿的，像老永一代的鸽哨制作人的巧手，不但得到鸽主们的认可，连普通的百姓人家都会在春秋两季的好天气里，放飞鸽子，聆听优美、动听的鸽哨声。

这鸽哨从老永那一代，开始讲究品位、材料、档次。而且，也是从那个时候开始有了鸽哨的玩家、收藏家，他们把鸽哨作为一种爱好传承下来，后来竟发展成为一种文化。

永字鸽哨从老永那一代开始发展的。按说，老永比惠字还要晚出现20多年，为什么老永能够在鸽哨行业立足呢？从永字第四代何永江那得知，他的师父曾说，老永与同行们关系很好，经常在一起切磋鸽哨创作技艺。鸽哨名家们都有自己的特点，拿过一把实物鸽哨，懂行的人都能说出是哪一位名家制作的哨子。因此，对于永字鸽哨来说，从第一代老永开始，就从工艺上进行了许多自己的创新。

尽管老永勤奋好学，但剜哨这一行本就不是什么正经营生，虽有五两银子换回一套哨子之说，但对于挥金如土的八旗子弟几乎算不了什么，他们大部分人饱食终日的生活过惯了，根本不会过日子。

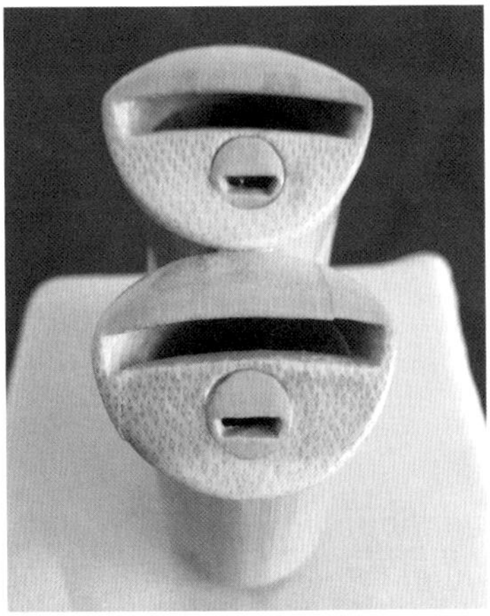

◎ 何永江恢复的老永代表作四响二筒 ◎

◎ 何永江恢复的老永代表作八响截口二筒 ◎

老永的后半生，非常潦倒。剜哨子是他生命中唯一的念想，也是老永的全部，老永的永字鸽哨依旧在鸽哨行业中挺立着。同时，老永的儿子小永的鸽哨也出现在市面上，这一点成了老永年老以后既骄傲又忧心的心病，他不能在经济上帮助小永去发展，他又不能劝小永别走这条艰辛的路。最后，老永终于在一个寒冷的冬天倒下了，死在了让老永辉煌了一生的隆福寺山门外石狮子的后面。

关于老永还有一个传说，说他是被人打死在石狮子后面的，因为年代太久，无从考证。

第二节

永字鸽哨第二代——小永

永字鸽哨第二代传人小永生于哪年不详，代表作有三腔双截口葫芦，主体葫芦两个截口截为三腔。小永无子，1923年死在朝阳门外菱角坑西的家中，侄子王永富当时只有15岁，王永富只得侄子代子从朝阳门外路北关厢一棺材铺磕头化来棺材和装裹衣服，将他的铁爹（小永）葬在东城和朝阳分界的护城河边上，也就是王永富家祖上宗地。之后，王永富曾带领徒弟何永江在清明节为小永拜祭。据永字鸽哨第三代，也就是小永的侄子王永富口述，小永的个子矮小，长相一般，天性极为聪明，但性格桀骜不驯，加上又没有什么正经营生，因此孤独终生。

小永在一段时期内与父亲老永在市面上享有同样大的名声。小永打小也喜欢玩鸽子，并且对剜哨始终情有独钟，无法割舍。这也是小永在老永健在时就与老永并列前茅的原因。曾经有传闻，同仁堂老乐家乐咏西曾因喜爱永字鸽哨，包吃包住地让小永为其剜整套哨子数年。由此可见，北京鸽哨在当时非常盛行。而且，在有钱人收藏整套哨子的同时，随着剜哨手艺人的增多，用料简单的普通哨子在京城的普通百姓中也越来越受欢迎。

老永这个儿子来之不易，他家一添个男丁，不是没长几岁就夭折了，就是天生病弱，没有一个长得像老永那么伟岸漂亮的，女孩们倒是美丽健康。终于小永出生了，家里人看小永就如同稀罕宝贝一样，尽管小永出生后瘦小、体弱，像猴子似的，但全家上下没有一个敢说一句不顺耳的话。这小永和他父亲一样，一天到晚地吃喝玩乐，在家里更是吃喝都得头一份儿的主儿。但小永有一样，是别人比不了的，他聪明，看见什么新鲜玩意儿，一学就会，一看就能模仿着做。老辈子旗人，虽不干什么营生，对读书却很重视。他们对儒家文化从小耳濡目染地也学习一些，像老永、小永习文练武，也是老辈想他们做个有出息的人。

小永除了看书写字外，到了年纪，他把玩鸽子、玩哨也一样不差地继承了过来。为什么没有人知道小永的生辰呢？是他家长辈们，怕别人知道这根独苗活不长，所以也就没有人计算他的岁数。怕一说岁数就会提到夭折的那几位兄长，让小永家人一听就心里发怵。

小永聪明，但不用正道上，家里人白白寄托了期望。好在俸禄是世袭的，否则吃喝都指望不上小永这一辈儿了。小永可不管家里人怎么看他，他拉着妹妹小永格格（没有记载小永格格的名字，只记得永字门刺款底的是小永格格），缠着父亲学剜鸽哨。老永开始觉得小永不应该学这营生，整日长吁短叹，可架不住小永软磨硬泡。其实，这个剜鸽哨的技艺真正的是磨性子。等说到制作技艺的时候，大家就明白了。小永学得快，进步得快，十五六岁他就追上了老永的技艺。

老永时代，鸽哨的小响虽说比例均衡，但比较向外张扬，其他门派虽做的外观有自己的特点，但还是分散，尤其是葫芦。小永时代对永字鸽哨加以改进，让众小响不外散而是向内收拢。由于哨口、哨小崽制作精致，使使大口简单不烦琐，平坦，小口即小响和门崽们众多而不散乱。看似简单、畅快、舒坦，其实改进起来并不简单。每一把哨子的设计都要合理、大气、美观，这都源于手艺的熟练和对鸽哨的热爱。随着名声越来越大，可用的材料也越来越多，民间百姓中喜听鸽哨声音的也越来越多。为了招来更多的买卖，鸽哨的种类、样数也丰富了起来。鸽哨用的竹，竹皮、竹黄、竹肉几部分的用途也越来越明显，使鸽哨中用竹的部分的音色大大地提高。

小永在鸽哨制作上，将老永的做法加以改进，加上了自个儿研究的做法、样式。鸽哨的发展到了小永这，因为鸽哨制作技艺的提高，人们舍不得佩戴鸽哨使鸽哨受损，便开始了收藏。鸽哨从此具有了收藏价值，也使得鸽哨的手艺人地位上升到了工匠。

小永的八响截口二筒、三腔双截口葫芦，耗时耗工，堪称艺术品，让不喜欢鸽哨的人都会产生占为己有的想法，能不火吗？能不成为小四家第一吗？

一把葫芦，先要相好尺寸，才能决定做什么。再观葫芦的表皮是否完好和干净。这个完好和干净可不是手把玩的那种。圆底的可以成为制作鸽哨的材料，平底的就只能被淘汰了。选好葫芦，再选盖料，各种材料要看葫芦品相值得配什么盖口。好的葫芦自然配好口料，让成品哨会更加有价值、上档次。

社会在发展，老一代鸽哨制作人老了、去世了。小永不但和父亲并列出现在市面上，而且他年轻、活好、脾气随和，逐渐比他父亲还要有名。慢慢地，他不再是以鸽把式或包活身份，而是以朋友的身份被同仁堂请了去，随他的性子，想做就做，想玩就玩地过了好几年。后起的“小四家”，除了小永外，“祥”字、“文”字鸽哨相继出现，那“鸿”字要晚生约二十载。在小永正值四十岁左右的时候，“鸿”字吴子通成了小永的朋友。

小永由于放纵自己吃喝玩乐，没有节制，加之旧时的各种习气，让小永本来就不好的身体更加病入膏肓。他知道学门手艺不容易，可又不能破坏规矩教了外人，何况，妹妹小永格格的哨子在市面上也很有名气。不传外人，眼看着这门手艺、这门绝活到他手里就断了根。为什么这么说，小永那会已年过四十岁，就他那半拉子身体（形容无法正常生活），除了会读几页书、会写几个字，再就是剜哨子这门手艺了。虽说，不是个上论的活计，但能在市面上有立足之地，让上至皇宫、下至民间都知道有他小永这么一个人。这时的小永的鸽哨已畅销京城几大鸽子市，南来北往的客商开始效仿京城养鸽子，当作一种癖好。同时，鸽哨也随着流往外地。

那时成家立业的信念早不在小永的心里，也没有谁家愿意把闺女嫁给他，没什么能耐，看着就知道活不了多少岁数。小永在外面的朋友中人缘极好，但是却拒绝家人关心他的人生。慢慢地，俸禄没有了，家人疏远了，老辈人都去了，小永的亲亲故故你拿点儿，我要点儿，散光了小永家的产业。小永看这状况，更打不起精神过往下的日子了。他痛心自个儿的这门手艺，两代人的心血，这才磨成这个份上，怎么着也得传个自家人哪。他见侄子王永富不离左右，一直陪伴着他，就想把剜鸽哨这点儿技艺传给侄子，无奈，身子不给劲，干着、教着，小永就干不动、教不动了。

小永除了制作一些整套的哨子外，在原有的基础上还有了自己的代表作。永字鸽哨的代表技艺独特、精湛，甚至有让同行们望而生畏的感觉。只要小永的哨子一上市，同行们甭管有名没名的，都悄悄地把自己的收起来。发展中的创新作品让直至今日，永字门派之外的门户只有效仿之作的份儿。也许，这话有点夸大，但看一看，今日永字第四代何永江恢复的小永鼎盛之作就一目了然了。三腔双截口葫芦、八响截口二筒。葫芦做主体，大开膛截上两刀三半，中间加两片档，听起来很容易吧，实际不是那么回事。把截开的葫芦加两片档对成原样一看，一点都不原样了，葫芦倒是没有少什么，但多出来的两片档让葫芦走了形，要恢复原样，还要做成三腔双截口，没有功艺，没有工夫不成，档有多厚，葫芦就得去多厚，多了对不上，少了葫芦走了形，难为了剜哨的。心细、沉稳，这还不够，非得把这手艺学到了极致，才能做出一把三腔双截口的葫芦来。光做出来还不够，能耐能响还不够，能在空中让放飞的鸽子戴着发出美妙的声音才对着呢！

小永的另一代表作是八响截口二筒，制作就更麻烦了，一把两筒哨子，四响就够牛的了，剜一把六响的叫绝，把竹筒竹盖劈开加档，再对上那是四响，中间前后一截两半个筒那就是八响，算明白了吗？但是，上手一做就知道有多难了。竹筒削薄切开两半的同时，竹筒在截的时候会跟着碎成几半，这就看手艺人多年的切工了。切工有了，还得有磨工，这中间档占着地方，还得对成原来的模样。竹筒有多大呀，又是磨薄了的竹筒，手捏着怕碎，捧在手里活没法干，那只有练十年的铁杵磨成针的功夫了。磨好了，对上了，合适了。这里永字鸽哨传承有秘诀，这一手，传承人说只能留着到教徒弟时再说了。其实，各家门派都有家规和门规，要不然这些个老祖宗留下来的老玩意早就丢光了。以德、以义、以严、以敬，才能毫无保留地传承下来，如果不是这样，谁知道传到了哪一代就断了呢？

无论怎样，老永出于什么样的历史背景，毕竟把一门手艺传授给了小永；无论怎样，小永在什么样的环境里，把老永的鸽哨技艺接受下来，又把永字鸽哨的门派加以做深做大，到后来，在鸽哨中“小四家”的永字排到了第一位！这不是一把两把哨子能显示出来的，可见，小永把永字鸽哨做到了一定的高境界。

来自各方的压力，让小永的性格偏执又孤僻，一方面同富家子弟吃喝玩乐，另一方面为自己孤老一生感叹。好在，侄子王永富从很小就经常陪伴他，让小永的内心深处有些许的慰藉。老永姓氏名谁无人知晓，小永姓氏名谁也无人知晓，只有永字鸽哨的第三代王永富的名字被第四代何永江记了下来。天意的是永字鸽哨的三代人名字里全有个永字。小永临终前，在隆福寺那里的老宅及家产早就被他变卖得一无所有。临终的时候，是侄子王永富陪伴着他在朝阳门外菱角坑西的破棚户房里。

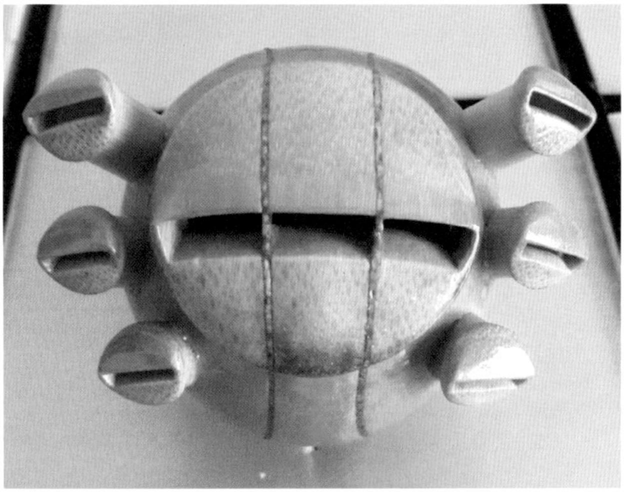

◎ 何永江恢复小永代表作三腔双截口葫芦 ◎

小永格格是小永的妹妹，她聪慧漂亮，学得一手好女红，后来又学得一手剜哨技艺，她大胆创新出用针刺永字。世上的人因喜爱她的鸽哨，反而忘记了她的真实名字，都称呼她小永格格。小永格格的针刺永字鸽哨曾一时同老永、小永同样有名，又因，小永格格嫁在隆福寺，在隆福寺摆一长摊养家糊口，倒让后来的王永富有了个卖鸽哨的好去处。小永格格有一女，后来也学成剜哨制作技艺。小永格格是王永富的大姑，小永格格的女儿也就是王永富的表妹。永字鸽哨第四代何永江曾跟着王永富大爷见过几次小永格格的女儿，1966年左右，何永江曾见过小永格格的女儿糊纸盒为生，因她没生养，晚年境况不免有些凄凉。同一个永字号，老永、小永用刀刻，小永格格用针刺。回想起来，几代永字传人，他们把鸽哨制作当作生命的一部分，男人的刚性，女人的柔美，都融入在鸽哨的制作技艺里，对鸽哨文化的热爱让他们将做鸽哨技艺一代一代传承。刀刻是一种技艺，针刺也是一种技艺，北京鸽哨的每一个门派都有他们秘不外传的绝技。因为这样，北京鸽哨才发展到在中国历史上，乃至世界历史上都有过记载，虽然寥寥数笔，已足以让喜爱鸽哨和鸽哨文化的人永远铭记。

第三节

永字鸽哨第三代——王永富

永字鸽哨第三代传人王永富，生于1908年，代表作有用白果壳和莲子壳制作成眼类、排类、葫芦类上的小响。王永富得小永制作技艺的真传，世人对他的评价褒贬不一。赏识王永富的鸽哨制作技艺的人称他为“小四家”里的第一位永字传人。贬他的人称他德行不济。细想起来，功也好，过也罢，都已经被王永富带到棺材里去了，而永字鸽哨的制作技艺却被王永富艺术化地传承下来。

王永富的家最早是在朝阳门里小街弓匠营。

王永富的母亲是王家的丫头，因姿色好，被主子看上了，收了房，生下了王永富。王永富打出生那天起就命苦。1908年，王永富刚出生，就赶上了慈禧的大丧，据他述说，家里人就没见添丁的一点喜庆红色，就光见家里全是白色，就连家里的红柱子也都用白纸蒙上了。吃个红辣椒都要偷偷摸摸的，更别提什么红袄、红兜兜、红包之类的贺礼了。本身，奴欺主，又生了个男丁，就让家里的正房够发火的了，这不是家门不光彩吗？那会儿，正房亲生的儿子大宝已经二十多岁了。为了在外人面前表现大度，正房还得赔笑脸对着王永富“二宝、对儿宝”地叫着。明白着呢，这又多了一个分家产的。后来，王永富的父亲去世了，正房二话没说，拿着把扫帚就把王永富娘儿俩赶出了家门。从那以后，王永富娘俩儿死活就无人问津了。

也别说，王永富的大哥倒是经常来光顾他们娘儿俩。大宝在朝阳门外路北有一处勾连搭的七盘心拍沙的砖房。因地理位置好，来往的人多，又挨着护城河，于是大宝就在那里开了个茶馆。那些清朝的遗老遗少们经常在这地界斗鸟、遛马。大宝见状，就在茶棚的一旁钉上了一排放鸟的桩子，在另一旁钉了排拴马的柱子。就这样，这些人经常聚在大宝的茶馆里一起怀念当初吃俸禄的日子，依然不改他们的吃喝玩乐，端着架子，讲着排场，论着家底，抖着份儿，叫着板，瞎日儿日儿。有时，也会有人没话找话说，提起二宝娘儿俩，提起二宝的身世，大宝每回听了都来气，一来气就到王永富住的地方，骂大街出气。王永富为了躲大宝，就经常去小永那儿帮这帮那。王永富写得一手好小楷，也都是小永手把手教的。小永小名叫小铁子，王永富就亲热地叫小永铁爹，小永对这个能吃苦、聪明的侄子也是另眼相待。家里值钱的物件儿经常给王永富拿去换俩钱，以此来接济王永富娘儿俩。

王永富眼瞧着，铁爹身体越来越差，吃了那么多药，也没见好。可小永只要能打起精神，就努力地培养王永富。这时的吴子通已经能做像样的成品哨上市了。小永没吐口让吴子通在哨底镌刻“永”字，这样没字的哨子是会被压价卖不上好价钱的。

王永富依旧去鸽子市买俩卖俩地换俩钱。每回卖了钱，就给铁爹打酒，买下酒菜，再有余钱就送家给他妈，如果没有，他妈就靠给有钱人洗衣服活着。这样的日子，大宝看见更火大了，时常揪着二宝的脖领子嚷嚷着让他吃屎，打急了骂急了，二宝就开始骂大街、回手，又打不过，往往就是一顿苦揍。

王永富挨揍的事从不对铁爹说，但小永心里跟明儿镜似的。小永知道自己活不了多久，不想可惜了这个绝活的手艺，他给王永富铺了条后路，就是手把手地把自己剜哨的绝活全部传授给吴子通，又心照不宣地向市上介绍王永富是他侄子。那会儿，师徒亮相是很重要的。老永时代，小永最初就是由老永带着在市上亮相的。要不，市上的人哪儿知道小永是谁呀，正所谓名师捧高徒。

王永富跟着小永的同时，吴子通也一同学艺。小永非常聪明也会做人，时常把吴子通的活，手托着亮给市上人看，价钱也抬得比永字低不了多少。小永这会儿已经做不了什么精致的哨子了，王永富刚能做几把筒儿和简单的葫芦。至于截口的鸽哨，王永富还摸不着头儿呢。

小永经常劝导王永富，一定要放下玩心，专心去学剜哨。他告诉王永富，不把一门手艺当作生命来学，等于白学，学也学不精。王永富知道铁爹为他好，要他走正路，因此愈发地离不开铁爹。他从每天早起请安，晚上回家，最后变成了几天回一次家。他虽小，但却清楚地知道铁爹的手艺超过所有剜哨人。铁爹之所以有名气，是因为他热爱这门手艺，这门手艺是艰苦的，是他一辈子的心血。不，应该说是老永、小永两代人共同的心血。

王永富，一米六几的身高，在同等年龄的人里，显得比较精神、干净利索。走路小碎步，带着风。一副烟酒嗓，说起话来带刺、干脆。

王永富，好学好胜一生，但也因为好说、好扒根儿、办事各，得罪了不少的人。平日里，他会的手艺多，除了剜哨卖，还兼插鸟笼来卖。尤其是，与他玩主身份不符的是，三条街六条巷的街坊邻里，办红白喜事时，垒灶、落忙张罗，他都能来乎着。吃百家饭、知百家底、淘百家物的经历使王永富有了收藏、积累、见识的方便。

王永富脾气虽各，人缘还凑合，因为他干的事即是大家伙求得着的事，虽想舍他又不能舍的这么一个人。

王永富原来是有媳妇、有孩子的。但是在他身上还有着八旗子弟的陋习，吃惯了、玩惯了，就是不养家。媳妇孩子经常地挨饿受冻。王永富的老丈人一怒之下，接走了闺女和外孙、外孙女，从此，没有了音讯。王永富也自觉没有脸面去接媳妇孩子。好在，王永富玩是玩，还是学会了插鸟笼、垒大灶、盘锅台的手艺。当然插鸟笼、剜鸽哨那些是玩儿，不是挣钱的玩意儿。可这垒灶、盘锅台还是可以吃上饭的。只有有钱人家办事才需要垒灶，而盘锅台也是有钱人冬日里烧炕才铺张的事。但是，人家看王永富是孤身一人，又好喝个酒，经常就是管个吃管个喝就齐活了。俗话说：一个人吃饱了，全家不饿。大概也说的就是王永富这种人。

值得说的一点，虽然世人对王永富褒贬不一，但他从来不卖祖上传下来的手艺。他在小永那儿读过书，知道祖宗传下来的手艺是宝贝，铁爹能够传给他，是对他的信任，是觉得他能把这手艺传下去。老北京的老玩意儿，鸽哨能堂堂正正地说得出、叫得响。什么是鸽哨，鸽哨是老北京的，只有老北京才有鸽哨，鸽哨的手艺是京城的，真正的鸽哨是老北京的手艺人的。

王永富的学艺历程艰难。小永在世时，强挣扎着教他的那几招，根本不够用来做复杂的哨子。但凡学手艺都需要在某一个阶段通经开窍，他想起铁爹临终时的话，有事找吴子通。按理说，王永富还得管吴子通叫哥哥。吴子通住七条，王永富住八条下坡，相邻不过二三百米，王永富大事小事几乎吴子通都一清二楚。

吴子通，回民，中等个头儿，偏瘦，长相清秀，说话口闷。可惜半个脸有一大块紫记，眼睛还有点斜视。吴子通性情温和，人缘极好。平日的生活用度大都来自回民的民间红白喜事，民间风俗见得很多。几十年积累下来大小事办得平整铺实，当块儿的街坊邻里缺他不可。

吴子通因为眼睛有些残疾，他剜出的哨子出现了偏差，哨里口也可以说哨舌头微歪。真正懂行的会看得出来。好心的朋友顾及他的面子，不说。这个偏差反而成全了鸿字与别的名家区分的独特之处。

为什么在第三代王永富的人生中总提到吴子通呢?

因为，没有吴子通，永字第三代的王永富无法出世在鸽哨界。小永死的时候，他还小，十五六岁的王永富翅膀还嫩，在鸽哨界还是个雏儿。

永字鸽哨的第三代王永富，在得到永字鸽哨小永的真传后，又接受了鸿字半师半友的真传。实际上，鸿字传人原来也是小永的传授，后因王永富与小永的叔侄关系，自立鸿字门户。王永富最初的制作技艺不如鸿字传人，但鸿字为了报师恩，反过来把学到的永字制作技艺传给王永富。多提一句，鸿字在传授王永富的同时，把制作技艺和作品外形上与永字之间作了改变。分分合合，合合分分，用来形容永字鸽哨制作技艺的传承一点也不过分。人们在制作技艺的传承过程中追求真善美，才让宝贵的遗产传承了下来。此后，永字第三代王永富又得鸿字半师半友的真传，等于是永字集两家的精湛制作技艺于一身，让永字鸽哨制作技艺达到了一个顶峰，王永富虽年轻自傲，又沾染了不良嗜好，德行不济，人品威望开始低下，但因其鸽哨制作技艺以占鸽哨界上等，在鸽哨界中盛名依旧不减。

新中国成立后，王永富的生活得到了改善，虽说还是没有正经工作，但在郊区菜园子的劳动是他最心满意足的一段日子。他居住的菱角坑早就成了郊区的菜地，生产队看他干活不成，但会点零散的手艺，就派他看门口的菜地。王永富正好也愿意这么做，因为，小永的坟就埋在菜地的边上。

王永富还是那样，剜哨名声愈加远传。虽说，没有人说他的大名，但“二宝、对儿宝”地在街坊和京城里传开了。尤其是外国人，他们喜欢老北京的鸽哨，慕名而来，总是想求一把永字的鸽哨。由于，王永富观念陈旧和永字门的规矩，他不太喜欢外国人，尤其是当外国人总是想研究透永字鸽哨的绝活技艺时，这也时常地让王永富恼火。王永富的想法和做法总是出乎别人的意料。因此，他的很多行为不被人理解，也引起了同行们的不满。比如，王永富就是看不惯为俩钱，低头哈腰地让人家褒贬。绝活就是绝活，为啥让人家数落来数落去的。好玩意儿就是好玩意儿，有人传就是有人传。做出的东西，说出的话，有必要夸自己吗？求人家，吹牛吹得那么大，有劲吗？鸽哨就是老北京的，谁也夺不去。又比如说，王永富在市上看到粗劣的和串作的哨子，他会闹得一个集市结束，都让这家不开张，还会撂下一句话，“丢手艺人的脸”。

王永富不但恪守着永字门的规矩，在制作上也加以改良。他把工具由打铁的打制，改良成了修脚刀。这样的鸽哨成品变得细致、巧妙了起来。粗糙的接口活越来越让人看不出。刮皮、掏筒的顺手，让鸽哨的分量比老辈们更加轻巧。也许，永字第三代王永富之所以能守住这份传承，与他的聪明以及脾气都有直接的关系。王永富用旧自行车改造了一台脚踩的抛光机。在那个年代，鸽哨是玩物，不是百姓所需的生活用品，有谁肯为玩物制作一台机器呢？自行车后货架大轮盘带小飞轮，再用旧衣服做一个布轮，脚踩轮盘，手把着刷外漆的成活，用布轮抛光。这个机器一直没有让同行观摩过，这样的抛光也为永字鸽哨增色不少。

据永字第四代传承人何永江回忆口述，王永富曾赠予宋庆龄先生一对五爪凤点子鸽子。何永江曾跟王永富去过宋庆龄先生家里，为宋庆龄先生送去鸽哨数对，里面就有象牙口葫芦哨。当时，宋庆龄先生住所的鸽子窝是藤条编织，非常讲究。

据永字第四代传承人何永江回忆口述，梅兰芳先生收藏的紫竹哨就为第三代传人王永富所制。梅兰芳先生还收藏有刻有“永”字底款的葫芦、七星和九星鸽哨。

王永富死于1973年。

◎ 王永富的永字鸽哨 ◎

◎ 何永江恢复的王永富的双排八子莲子壳鸽哨 ◎

第四节

三个关键人物

王世襄（1914.5.25—2009.11.28），号畅安。福建省福州市人，生于北京。汉族，著名收藏家、文物鉴赏家、学者。九三学社成员，第六、七届全国政协委员。1938年获燕京大学文学院国文系学士学位。1941年获燕京大学文学院硕士，论文为《中国画论研究·先秦至宋》，继在家中撰写论文元至清部分。1943年全稿完成后，赴重庆寻求工作。1943年在四川李庄任中国营造学社助理研究员。1945年10月任南京国民党政府教育部清理战时文物损失委员会平津区助理代表，在北京、天津清理追还在战时被劫夺的文物。1946年12月—1947年2月被派赴日本任中国驻日本代表团第四组专员，交涉追还战时被日本劫夺的善本书等文物事宜。1947年初追还被劫夺的原中央图书馆所藏善本图书106箱，由日本横滨押运到上海，经郑振铎派员接收。1947年3月任故宫博物院古物馆科长及编纂。1948年5月由故宫博物院指派，赴美国、加拿大参观考察博物馆一年。期满后，拒绝了弗利尔美术馆、匹兹堡大学的聘请，1949年8月后在故宫博物院任古物馆科长及陈列部主任。1962年10月任文物博物馆研究所、文物保护科学技术研究所副研究员。1980年11月任文化部文物局中国文物研究所研究员。1985年12月被评为全国文物博物馆系统先进个人。1986年3月被国家文物局聘为国家文物鉴定委员会委员。1991年7月起，国务院发给政府特殊津贴。1994年1月，其专著《明式家具珍赏》获第一届国家图书奖提名奖。

王世襄老先生使市井的“雕虫小技”登上了“大雅之堂”，他不但能玩，也能写，不仅“玩物”，而且“研物”。2003年12月3日，王世襄从专门来华的荷兰王子约翰·佛利苏手中，接过旨在鼓励全球艺术家和思想家进行交流的荷兰克劳斯亲王最高荣誉奖，从而成为获得该奖的第一位中国人。他获得此奖项的原因在于，他的创造性研究已经向世界证实：如果没有王世襄，一部分中国文化还会处在被埋没的状态。

王世襄老先生的著作颇多，主要有：《北京鸽哨》《竹刻》《蟋蟀谱集成》《说葫芦》《明代鸽经清宫鸽谱》等。他多才多艺，擅书法与诗词，兴趣广泛，故某些著述超出一般文史工作者的研究范围。

王世襄老先生常被人们称为“京城第一大玩家”，可他这儿却玩成了大雅，玩出了文化，玩出了一门“世纪绝学”。他学识渊博，对文物研究与鉴定有精深的造诣。他研究的范围很广，涉及书画、雕塑、烹饪、建筑等方面。他对工艺美术史及家具，尤其是对明清家具、古代漆器和竹刻等，均有深刻研究和独到见解。他注重长期的实践考证，积累了丰富的第一手资料，并撰写出专著10余部，论文90余篇。王世襄兴趣广泛，喜爱古诗词，曾从事家具、髹漆、竹刻、传统工艺、民间游艺等多方面的研究，均有论述。王世襄老先生自选集《锦灰堆》一、二卷收集了他80岁以前所写的大部分文章，计105篇，编为：家具、漆器、竹刻、工艺、则例、书画、雕塑、乐舞、忆往、游艺、饮食、杂稿12类。共有线图234幅，黑白图424幅，彩图255幅。第三卷选收王世襄历年所作的诗词120首，由他和夫人袁荃猷手书影印。王世襄老先生自选集《锦灰二堆》为《锦灰堆》之续编，除少数篇章及诗词为作者早年之作外，余皆在《锦灰堆》出版后写成。一卷收入忆往、书画、家具、髹漆、工艺、游艺、杂稿七类，计60多篇。二卷收入诗词26首，及《画解》《新增鹰鹘方》《烧炉新语》三部古籍，均为罕见珍本。王世襄自选集《锦灰三堆》为《锦灰堆》《锦灰二堆》之续编，收入文章27篇，编为音乐、文物、忆往、序跋四类。

不过，优越的家庭环境和年少好奇好动的性格，使王世襄老先生特别喜欢和京城诸多玩家交游，展露出“燕市少年”的特有风貌。晚年的他曾自嘲：“我自幼及壮，从小学到大学，始终是玩物丧志，业荒于嬉。秋斗蟋蟀，冬怀鸣虫……挈狗捉獾，皆乐之不疲。而养鸽飞放，更是不受节令限制的常年癖好。”

王世襄老先生玩的东西五花八门，粗算就有蟋蟀、鸽子、大鹰、獾狗、掼交、烹饪、火绘、漆器、竹刻、明式家具等。他玩这些不为消遣，而是真心喜爱。为了得到爱物，他舍得花钱，舍得搭工夫，甚至长途跋涉、餐风饮露亦在所不辞。为了穷究玩物的底里，又与许多平民百姓交朋友，虚心请教。沉潜既久，他于诸般玩技靡不精通，可“家”者就有诗词家、书法家、火绘家、驯鹰家、烹饪家、美食家、美术史家、中国古典音乐史家、文物鉴定家、民俗学家等。

据王世襄老先生夫人袁荃猷介绍，在王世襄老先生的诸多爱好中，最喜欢的是鸽子，而居住大杂院无法养鸽子则是他的最大遗憾。一次，他赴郑州参加全国文史馆工作会议。当他流连于金博大广场时，发现当地正在举办观赏鸽大赛，他便兴致十足地走进了鸽群。在这里，他发现了许多久违的名种。鸽子的主人们虽然不知道他的身份，但很快就发现了这位老人与鸽子之间有种天然的亲近。一个年轻人指着一对黑中泛紫的鸽子问王世襄老先生：“您认识它们吗？”“铁牛！”王世襄老先生脱口而出。年轻人激动不已，坚持要将这对几近绝迹的名种送给他。

王世襄老先生玩的东西多半属于民俗，但大俗的东西到了他这儿却玩成了大雅。最可贵的是他能留心玩的学问，与一般玩家不同的是，老人不但能玩，也能写，但凡他玩过的东西，都留下了文字记载和他研究的心得。于是，黄苗子先生说他“玩物成家”，启功先生说他“研物立志”。过去在一般人眼里，架鹰、走狗、斗蛐蛐是游手好闲的市井之徒所为，经他把这些东西加以描述和总结，这些东西马上升格，一变而成为了文化。他不失为一位玩物并研物的大玩家。可别小瞧这个玩家，正是因为喜欢玩，才活到90岁，不觉得自己老。

谈起诸多玩好，王世襄老先生如数家珍：“十来岁时我开始养鸽子。接着养蛐蛐，不仅买，还到郊区捉。也爱听冬日鸣虫，即野生或人工孵育的蝈蝈、油葫芦等。鸣虫养在葫芦内叫，故对葫芦又发生兴趣。尤其是中国特有的范制葫芦，在幼嫩时内壁套有阴文花纹的模子，长成后去掉模子，葫芦造型和花纹文字，悉如人意。这是中国独有的特种工艺，可谓巧夺天工，我也曾试种过。十六七岁学摔跤，拜清代善扑营的扑户为师。受他们的影响和传授，玩得更野了——熬鹰猎兔，驯狗捉獾。由于上述经历，我忝得‘玩家’之名。”

王世襄老先生把养鸽、研鸽当作所有玩好之最，自称是“吃剩饭、踩狗屎”之辈：“过去养鸽子的人们，对待鸽子就像对待孩子。自个吃饭不好好吃，扒两口剩饭就去喂鸽放鸽。他们还有一个习惯，一出门不往地上看，而是往天上瞧，因此常常踩狗屎。”他还兴致盎然地描绘起儿时的鸽市：“过去几乎每条胡同上空都有两三盘鸽子在飞翔。悦耳的哨声，忽远忽近，琅琅不断。城市各隅都有鸽子市，买者，卖者，逛者，熙熙攘攘，长达二三百米。全城以贩鸽或制哨为生者，虽难统计，至少也有几百人。”

王世襄老先生先是住大杂院，后住到公寓楼，均无法养鸽子，这成为他人生的最大憾事，可是他对鸽子的喜爱却日久弥笃。后来，无法养鸽的他换了一种爱鸽的方式，那就是研鸽并出鸽书。近年来，他携带相机踏遍了北京的鸽市，去外地开会时也不忘逛鸽市会鸽友，还翻阅了沉睡在故宫书画库中的宫廷画家绘制的鸽谱。经多年积累，他编著了《北京鸽哨》《明代鸽经·清宫鸽谱》等鸽书。

早在2003年，王世襄老先生就提出了在2008年奥运会开幕式上放飞中国鸽的建议，因为非典、禽流感等意外，此事一直难以操作，最终，成为他的遗憾。王世襄老先生说，目前条件已经具备，如果再不抓紧，就会来不及了。因为很多鸽子已经退化，不能飞翔，而从购买、育雏到放飞，需要三年的周期。但说到底，奥运会上放飞鸽子并不是他的最终目的，他是希望能借这一契机，挽救中国的观赏鸽及鸽文化。

何永江的记忆里，有一些不能忘怀的关于这三个人物的生活片断。

一、片断一

当院，屋门口，王世襄、吴子通、王永富围坐在小炕桌前，桌上茶壶、茶碗、茶拉子里放着王世襄刚刚拿来的高碎（茶叶末）。两小包花生米、开花豆，散发着香味。一旁，何永江在铁皮炉子边站着，等着炉子上坐着的小汆水开。

老三位坐在一起，不知又争论什么，只见王世襄和颜悦色地说：“你们二位总是争来争去的，何为争？何为和？不就是陈年隔辈的那点儿老事吗？到一块儿就打，分开又想，今儿个，我就是为你们说个公道话，原本市面上干这行就不是什么正经营生，干这行的人也不多，没有吧，天空那儿空得慌，有了吧，你们又吵来吵去。”

吴子通憋得脸通红，半天才憋出一句话：“他是个白眼狼！”他，指的是坐在身旁挂着一脸坏笑的王永富。

王永富一听这，不笑了，急赤白脸地大声吵吵：“说什么哪？翻陈年老账有什么用？我剜得是不是比你好，你那（哨）子是不是像个方盖子？四个小响像爪子？”

吴子通的脸都憋紫了，吭吭半天没有说出一个字，看来，今儿吴子通真的急了！

汆里的水开了，王世襄从茶叶拉子里撮出一撮茶叶放到壶里。王永富抢过来茶叶拉子，唰唰地又倒了不少，王世襄看了王永富一眼，想说什么，但脸色随即又温和了下来。王世襄抓了一把花生米，递到何永江的手心里，“小伙子，别学你大爷的脾气，来，听王老师给你讲个古”。

吴子通瞪了王永富一眼，伸手抓了一把开花豆放到一旁的凳子上，用手朝着何永江指了指，意思是别搭理王永富，没有他，这儿有人疼。

原来，王永富传代永字手艺的过程里有故事，他总是欺负吴子通。

在上面的片断里，王永富纯属矫情，但世界上的人有几个又是完美之人呢？

二、片断二

吴子通的土炕上，小炕桌上除了花生米、开花豆、茶壶、茶碗、茶叶拉子，还多了两样东西，一瓶白酒和用油纸包着的几片酱牛肉。无疑的，这酒钱、肉钱、茶叶钱都是王世襄掏的。

铁皮炉子里，煤渣火正旺，小汆里的水很快地就沸腾了。何永江懂事地端起小汆为老三位沏茶。

“小伙子，我来！别烫着！”王世襄要伸手接小汆，随手又抓上一把花生米，递到何永江的手心里。

“别介，今儿个我来吧！小子，闪一边去，我来沏茶倒水！顺便赔个不是，谁让我前些日子嘴欠，伤了吴子通老人家呢！王先生，我没文化，但我知道感恩，您的好儿，我心里都记着呢！”王永富接过小余，用大拇指二拇指捏起一片酱牛肉，“小子，大爷这儿先给你争了嘴，吃了它，你是我的大侄儿，对吧！”说完，冲着吴子通哈哈大笑。

吴子通笑恼地看着王世襄，摇摇头，还是抓了把开花豆放到何永江眼头里的炕沿上。

老三位，就这样，聚在一起，聊玩鸽子，切磋鸽哨的制作技艺。谈街面胡同里，深宅大院露出水的古玩瓷器，有谁家是真，有谁家是假。争论玩虫儿、玩鹰谁是把式，谁是糊弄。拉闲篇儿，市面上谁是真玩家，谁是干叫唤没有肉的蝈蝈。

有时争得面红耳赤，脸红脖子粗。有时谈到一起为一个老物件儿插科打诨。有时，为创造一个新玩意沉思苦想，想出来乐得孩子一般。产生、传承，无非也就是这么来的。

三、片断三

有一天，老三位坐在一起聊天，茶叶和酒是王世襄照例带来的。吴子通向来不喝酒，他拌了个黄瓜，又摊了几个鸡子儿，放到桌上。

“宝儿，你拿个碗儿，我给你夹两箸子摊鸡子儿，你大爷今儿不知从哪边刮来的风，还烙了二斤肉饼，来，也夹两块。”

王世襄温和地看着何永江，“小伙子，还是好好上学为好！”

王永富冲着王世襄点头称是，冲着吴子通龇龇牙，意思是，我是做大爷的，用你多事疼。

“小子，过来，这几年来，难为你跟着大爷我，来，给大爷倒碗茶，你喝不？”这是1963年一个春暖花开的早晨。

何永江虽然不大，但他在这个年龄里，也懂得了不少的事。他记得困难时期，王大爷为人家小饭馆垒灶，没要工钱，但当听到何永江见天地吃不饱，到晚上还肚子饿的时候，“走，跟大爷找饭辙去！”

人家饭馆打了烊，封了火，见是王永富来，忙迎着说好话。

“来碗烩饭吃就行！”王永富开了口。

人家饭馆看出来了，是吃白饭的来了，但碍于面子，就烩了二大碗，那是什么年月，吃粮票、对粮本的时期。

“你先吃，大爷这碗也是你的！”原来王永富早就打算好了，他要是先吃，那就没有添饭的份儿了。

何永江还记得，王永富剜哨卖几个钱，只要能买二斤肉饼，就带着何永江去饭铺，吃一斤，那一斤就骑自行车带着何永江给隆福寺摆摊的表妹（小永格格的女儿）送去。那个艰难的岁月里，亲情、爱徒之心，让王永富用最简单也是最珍贵的方式表达了出来。

原来，师父是这样的；原来，师父用心良苦地收徒是这样的；原来，师父的爱心是这样的。如今，何永江将回忆起来的这些碎片连接起来，这就是传承，不光是制作技艺的传承。

四、四足鼎立

“1934年我自行设计，打破三筒、四筒直行排列的陈规，分列为之三足，桌之四足，中以小框连接，特请周春泉先生（即‘祥’字）为制数一对，试听音响盛佳，系在鸽尾，……但市上所售仍以直排尚为多，先入为主，成规难易也。”（摘自王世襄编著的《京华忆往》一书中

◎ 何永江恢复的四足鼎立（一） ◎

《北京鸽哨》篇，第226页，生活·读书·新知三联书店，2010年出版。）

王世襄1914年生于北京，大玩家和收藏家。

“小永”生于咸丰年间，卒1923年。

“永”字第三代王永富（1908年—1973年）。

“祥”字 姓周名春泉（1874年—1956年）。

“文”字 姓陶名佐文（1876年—1968年）。

“鸿”字 姓吴名子通（1894年—约1968年）。

1934年，王世襄20岁，“永”字第三代王永富26岁，“祥”字周春泉60岁，“文”字 陶佐文 58岁，“鸿”字 吴子通 40岁。

王世襄第一次为鸽哨传承团结的问题做出协调，由于当时社会门规的约束，再加之鸽哨界一直流传“剜一千，做一万，搁下刀子就没饭”的风俗，此举受到了排斥，以此搁下无人问津。

1962年左右，鸽哨之风在国内鼎盛，京城胡同里每日都有鸽哨之声，剜哨名家的竞争更加激烈，竞争之中各家难免产生口角和矛盾，你争我斗，加之养鸽本身就是气虫子，再加之鸽哨质劣高低，参差不齐。鸽哨对于京城百姓名声大大降低。王世襄先生一生待人和气，做事以诚相待，于是在鸽哨界内说话有分量，他站出来为以“小四家”为代表的剜哨手艺人平解乱乎的局面。据“永”字第四代传承人何永江回忆，当时他还小，王世襄先生拿来酒菜，同“永”字第三代传人王永富，“文”字陶佐文，“鸿”字吴子通，老四位鸽哨名家共同商讨能不能以团结为重，不要在市场互相排挤，并拿出“祥”字制作的“四足四筒”（后来民间被称为“四足鼎立”）的鸽哨让其他三家效仿，忠言逆耳，也许是当时老爷仨不认可，也许是社会背景造成，最后都是不欢而散。但是王世襄先生在界内团结精神是传承下来了，北京蓝天鸽哨的声音不是一家、两家所支撑下来的，是几十家、几百家鸽哨技艺制作者的执着和酷爱才保留下来，而“四足鼎立”的鸽哨也被鸽哨的传承人恢复制作并且展示，请看“永”字第四代——何永江恢复的“四足鼎立”作品。

◎ 何永江恢复的四足鼎立（二）◎

◎ 何永江恢复的四足鼎立（三）◎

四个筒代表“小四家”，每一个筒盖代表一家的制作技艺，筒底有本门的字号。

第三章 谁是第四代

第一节　永字鸽哨第四代——何永江

第二节　沉寂了四十年

第三节　重现江湖

第一节

永字鸽哨第四代——何永江

永字鸽哨第四代传承人何永江，1949年生。他综合了前几代制作技艺的特点，加以改良，使制作出的鸽哨超薄、超轻、美观、别致，让永字鸽哨成为了真正的上品并使品种达四十余种。

1960年左右，何永江与永字鸽哨第三代传人王永富成了邻居。王永富住在朝阳门外吉市口北头八条下坡往西菱角坑北坡，没有门牌号的几间土房，何永江住在相邻地界东城区西中街五号。何永江当时十多岁，得到了师父王永富的真传。话说到这，不得不提一下真传，任哪一行得到真传都不易，一是没有机会；二是师父不教；三是有真东西在，但人没了；四就是自己没有学的本事。这就是入行难，入错行改行更难；拜师难，拜错了师出名更难；出师难，出师后找饭碗更难。尤其是剜鸽哨这营生，行里流传一句话，“剜一千，做一万，撂下刀子就没饭”。可见这鸽哨制作技艺传承下来是多么的艰难。如果不是真心喜欢，如果不是几辈人付出的心血，那传承的结晶恐怕早已绝迹。

永字鸽哨第四代传承人何永江因与王永富爷俩投缘，过去老辈有讲儿，认师时比自己父亲大的师父要叫大爷，比自己父亲小的师父叫师父也行，叫叔儿也行。时下，有很多年轻人在问，拜师时为什么老北京人有叫大爷有叫叔儿的，这是老北京人的一讲儿，往后称呼什么也许没人太较真儿了。据永字鸽哨第四代传承人何永江回忆说，他原先只是喜欢活物儿，养鸽子只是其中的一种，实际上养任何活物儿都有不招人待见的一面，在民间，许多人养鸽子着迷，迷失了方向，“吃生饭，踩狗屎，撞死老太太”，为了玩鸽子，大有人在，为了玩哨儿，抛千金不顾家的主儿更甭提。说归说，骂归骂，养鸽子和玩哨儿有它的文化底蕴所在。养鸽子有经儿、玩哨儿有收藏的那一天起，人们还是喜欢鸽子的吉祥寓意与鸽哨儿的美妙声音。

养鸽子有钱没钱都能养，玩哨儿可不同。平常戴着玩儿和收藏鸽哨之间有着天地之别。这就注定以剜哨为职业的手艺人生活来源的不稳定。何永江拜师学做鸽哨纯属偶然，而且过程很艰难。因为小的时候贪玩儿，跟着一个小邻居去菱角坑北坡几间破房那儿玩，也就是王永富的家。进屋后没有多大地方就上炕，靠北墙码着几垛城砖，上面铺了块板子当桌子，吃饭的家伙、干活的工具都在上面，屋里虽然简陋，但是很干净。也许是缘分吧，“我一眼就瞅见桌子上的玩意儿，当时不知道是鸽哨和剜哨的工具。”何永江回忆道。何永江第一次见到王永富时，他孤身一人，永字鸽哨的传人如此境地，拿什么来维系剜哨制作技艺的传承？那就是结交朋友，切磋技艺，以哨会友，让老京城的精神支撑着他们。老皇城上空不能没有鸽哨的声音。

很多人认为，永字鸽哨的传人一定姓永字，其实不然，四代永字鸽哨的艺人只有王永富和何永江的名字里有永字。永字鸽哨的门规规定，如果拜入永字门，那么，永远以永字为鸽哨的字，姓氏不可以刻在鸽哨上。据永字第三代传人王永富口述，在当时，其他鸽哨的门规也是如此，不可违反。何永江还回忆起在那个年代，王大爷带着他去吴子通大伯家喝茶饮酒的情景，吴子通家在朝阳门外吉市口北头路东七条里，一个观音寺旁边的几间小破房。去吴子通家喝茶饮酒的还有王世襄老先生。王世襄老先生高高的个子，足有一米八几，白净的脸，一副文质彬彬的样子。因为吴子通不喝酒，王世襄老先生每次都自带酒和下酒菜。每次老几位聚在一起，都由何永江用煤渣铁皮小炉子使小汆汆水喝，喝的茶叶自然是王世襄老先生买来的高的（好茶叶）。何永江至今还记得因为民族、身份和地位不同，三位先生对他的爱称不同。

王世襄老先生道：“小伙子，慢点，别烫着！”吴子通大伯道：“宝儿啊，别急着，来，来，我来！”王大爷道：“小子，看着点，留点神，别把自个儿烫着！”

“小伙子”“宝儿”“小子”。

这是三位对小孩的昵称。

王世襄、吴子通和王永富一生中的交往，何永江因为年龄小，不太懂里面的世故，只知道师父王永富管王世襄老先生叫“大少爷”，王世襄老先生管王永富叫“败家子儿”，几位老先生交往的细节，只有他们老几位自己知道，无从问起了。但是，有一点，老京城的养鸽之道，以及鸽哨制作技艺的传承和发展，几位老先生起到了见证、收藏、发展、延续的重要作用。

说起非物质文化遗产，大家都认为是一个严肃的事，说起一个项目的制作技艺，大家认为是一个历史，其实不然，非物质文化遗产的传承，一个项目的制作技艺的延续，大概都离不开一个漫长甚至跨世纪的过程，是一个充满辛酸苦辣、恩恩怨怨、生生死死的大大小小的故事。这个故事里的人物、情节、细节，包括每一句话、每一个动作、每一个指示、每一个交流、每一个交代、每一个希望、每一个创作、每一句遗言，都把无数个精彩留给了后人，留给了今天这个炫丽的世界。之所以这么说，是制作技艺的后人赶上了好时代，才让这个世界五彩斑斓。

鸽哨又名鸽铃，但它实为哨而非铃。其源甚古，将于“简史”中叙及。北京自出现第一位制哨名家算起，也有近二百年的历史。此后良工辈出，精益求精，蓄鸽佩哨之家日多，鸽哨就成了一种民间工艺品。（摘自王世襄编著的《京华忆往》一书中《北京鸽哨》篇，第215页，生活·读书·新知三联书店，2010年出版。）

梅尧臣（1002~1060）在一首题为《野鸽》的五古中有“孤来有野鸽，嘴眼类春鸠……一日独出群，盘桓恣嬉游。谁借风铃响，朝朝声不休”的诗句。（摘自《宛陵集》卷二十八，页三下，［宋］梅尧臣，《四部丛刊》据万历间梅氏祠堂刻本影印。）

北京的鸽哨，要到晚清时期的著作中才查到较详细的记载。《燕京岁时记》讲“凡放鸽时，必以十个哨缀之于尾上，谓之壶卢，又谓之哨子。壶卢有大小之分，哨子有三联、五联、十三星、十一眼、双筒、截口、众星捧月之别。盘旋之际，响彻云霄，五音皆备，真可以悦情陶情”。（摘自王世襄编著的《京华忆往》一书中《北京鸽哨》篇，第8页，生活·读书·新知三联书店，2010年出版。）

但凡一个传承都有它的出处，而这北京鸽哨有名家和杂不透之分。

有人会说，北京鸽哨并不是一个大众化的物件儿。的确是这样，但不全是这样，从鸽哨作品来说，它的制作技艺越来越艺术化；从鸽哨的声音来说，越来越受到人们的喜爱，是一种精神的享受。人们在追求精神上的享受的同时，也了解了鸽哨的文化、探寻了鸽哨的技艺。在了解和探寻的同时，如何将北京鸽哨的文化保留下来，传承制作技艺成为唯一的保证，也是最现实、最真切的意义。

养鸽子的人大都玩鸽哨，这就给了鸽哨制作人展示制作技艺的市场；不养鸽子的人，也都很爱听空中鸽哨的声音，这就给了鸽哨发展的理由。北京鸽哨早在清代就在全国闻名，甚至有很多外国喜欢鸽哨的友人不远万里之遥前来京城求得一把鸽哨。从这一点看，北京鸽哨不只是中国的传世佳宝，在世界上也受到了很多人的关注和喜爱。

第二节

沉寂了四十年

申遗的道路是漫长的，申遗的道路上何永江却是幸运的。尽管何永江有多么的不愿意回忆那些痛苦的往事，但记忆里的那些痛苦的往事却刻骨铭心，让他永远地不能忘怀。

在何永江准备申遗的那段时间的前许多年，何永江的同事、朋友和家人从未听他提起他竟然是北京鸽哨永字鸽哨的第四代传承人。也许是痛苦淹没了何永江心中的那些往事，那段历史让何永江完完全全地吞到了肚子里，又活活地把那些事深藏起来，甚至何永江的老伴尚利平同他生活了四十多年，都未能知道只字片文。何永江的老伴只记得四十多年来，何永江喜欢养鸽子，也从没有间断养鸽子，没把何永江剜哨的手艺当回事儿，以为他只是玩玩。有两件事令她记忆深刻，一次是为了他们的儿子，一次是为了他们的女儿。那个年代，家家都困难，何永江的儿子1岁多了，营养不良，头大四肢瘦弱，牙牙学语的儿子有一日非要吃肉，拿什么去给儿子买？挣十七块八毛钱的何永江要养活三口人，生产队要拿钱买工分才能分到妻子和孩子的口粮。何永江看着儿子把手指头放到嘴里吮吸嘟囔着的那张可爱的小脸，他愧疚自己没有能耐。何永江闷头坐了许久，找了一根锯条做成了两把刻刀，又找来了材料，很快地做出了几把二筒。这几把二筒卖了二块五毛钱，满足了儿子的心愿。但没有人知道，此时的何永江心中在痛苦地滴血。第二次是女儿上小学的时候，女儿长大了，知道爱漂亮了，哭着喊着要穿一双红色的小皮靴，当时，何永江和爱人上班连辆像样的自行车都买不起，哪儿有钱给女儿花五元钱买双皮靴。女儿哭了好几天，何永江咬牙又拿起了刻刀，依照记忆中的印象，做了三把像样的葫芦哨，卖了给女儿买了皮靴。何永江的女儿现在想起，眼里还会噙着泪水。

社会、本性、个性、爱好造就了何永江不愧是非遗项目的传承人。

何永江今年67岁了，在他插队和之后工作的过程中，学会车、钳、铆、电、焊、木工各方面的手艺。这也和他能吃苦、有拼劲、爱钻研有很大的关系。何永江在退休前钳工达到了磨具工八级的最高级，其他铆、电、焊、木也达到了很高的级别。何永江万万没有想到的是，几十年辛勤的工作学到了各项技能，几十年后的今天，何永江一步一步地作为非遗项目永字鸽哨制作技艺的传承人走向了技艺的巅峰。

不堪回首，还要回首。每一个非遗项目的传承过程都充满了艰辛，每一段非遗项目的传承历史都饱含了心酸，每一件保护下来的非遗作品都展示了过去的辉煌，每一位非遗项目的传承人的脸上都布满了沧桑。

世界、国家都心疼和保护非遗项目的传承人

虽然市面上这么多年来几乎没有见到过永字鸽哨，但当永字鸽哨成套、成樘地出现在各种展览的时候，内行的、外行的、懂眼的、挑眼的人仍然蜂拥而至。

永字鸽哨第四代传承人何永江不愿意在市上露脸儿是他压根不想再去干鸽哨制作技艺。而且，他做梦也没有想到国家、政府对北京鸽哨这个非遗项目给予了各方面的关注和保护。政府的支持和媒体的宣传，让北京鸽哨从动态和静态两方面得到了人们的了解和关注，人们终于知道了，原来，耳边一直听到的这熟悉得不能再熟悉的声音是鸽子戴着这些小小的鸽哨发出来的。这项非物质文化遗产的传承和发展达到了崭新的高度。

永字鸽哨第四代传承人何永江被感动了，他的内心在政府的鼓励和感召下慢慢萌动，并跃跃欲试，逐渐，何永江的内心被恢复北京鸽哨永字鸽哨的全部制作技艺的愿望所覆盖。

何永江之所以这么多年将对永字鸽哨的感情和自己的技艺深藏在心底，是因为受到两次重创。“文革”时，鸽子不让养了，更不能再现鸽哨了。有一天，何永江被师父王永富悄悄地叫到了家里，王永富将一串老哨子递在他的手上，有筒类、排类、星眼类、葫芦类，这是三代永字鸽哨全部类型鸽哨的模子（样哨），一同交给他的还有一本手写的鸽哨

的谱系，师父细心地将它们用油布裹好，可见珍贵。让何永江没有料到的是，趁何永江不在家，一个曾被师父因心术不正逐出师门的发小寻到家里，以“破四旧”为名焚烧了手写本，踩碎了那一串哨子。何永江回来见到此景，气得拿了把菜刀就想出去追杀那个发小，后被街坊拦下，何永江抱着鸽哨碎片去问师父能不能复原或再做几把，师父哭了，摇头不语。此时的王永富，几经折磨又没有人照顾，已经没有原来的模样了，被三代人视为生命的作品毁于一旦，王永富已经近于崩溃。何永江心里很难过，觉得愧对师父，后来师父的死又一次让何永江心灵受到重创。上山下乡，何永江回了老家，插队的知青在那个年代是不能随便回家的。虽然何永江去的农村离城里很近，依然无法时常去探望师父。那时的王永富已经时常糊涂了。糊涂时，往往几天都吃不上饭，碰上好心的邻舍会给他一碗半碗的吃食，拉尿都在裤子里，穿着几天才被好心的邻舍帮忙换掉。明白的时候就自己做口饭吃，洗洗。王永富死后半年，何永江才知道，据派出所的民警说，王永富死后七八天才被人发现，因没有亲人认领，火化后骨灰不知埋在了什么地方。何永江想起师父的一句话：“小子，咱干的这剜哨的营生，虽不是什么大福大贵的营生，但冲着京城老少爷们儿稀罕它，忘不了它，咱死了也值。”为了鸽哨值得吗？何永江也曾问自己。

◎ 寻根 ◎

第三节

重现江湖

一、事情发生偶然，也不偶然

没有人会料到一次朋友的聚会，会让北京鸽哨永字鸽哨重新出现在人们的视野当中，并且作为非遗项目重放异彩。

关于北京鸽哨的文字记载很少，到了永字鸽哨这一块，文字就更是少得可怜。听过、看过、摸过、玩过、过眼、下手，是制作的全部。永字鸽哨本不具备这些传承的优势。而何永江可以说是赶上了好时代，让永字鸽哨受到了政府的支持和保护，使得永字鸽哨得以传承下去。

那次朋友聚会，是由笔者的朋友李俊玲老师组织的。笔者平日里喜欢写点儿文章什么的。李俊玲爱才，邀请尚利平到“厨子舍”舍增泰家聚聚，一起去的有民俗专家赵书、京味作家刘一达，还有中国的“花儿金”“葡萄常”等几位，都是名家老师，让尚利平有点不知所措。何永江有心，他觉得既然民俗专家赵书、京味作家刘一达会来，做几把民间的物件儿让老师们开开眼。吃着“厨子舍”的美味，尚利平拿出老伴何

◎ 永字鸽哨第四代传承人何永江与民俗专家赵书 ◎

◎ 永字鸽哨第四代传承人何永江夫妇与京味作家刘一达（中）◎

永江剜的永字鸽哨让在座的老师们看，竟然首先得到刘一达的赞赏。刘一达捧着鸽哨谦虚地向赵书请教："这就是我准备做电视节目主持人说的北京鸽哨。"赵书接过永字鸽哨当时就给予了肯定："这鸽哨入非遗制作技艺没有问题，鸽哨的声音是和平之声、吉祥之声、和谐之声、平安之声。"其他几位非遗名家们也都点头赞同，这真是应了"有意栽花花不开，无心插柳柳成荫"。朋友的善待，专家的点拨，名家的认可，让永字鸽哨申遗看到了希望。

北京鸽哨门派很多，除了老辈子的"老四家"和"小四家"外，民间里还有不少。但是真要是访一访，像永字鸽哨那样在筒类、葫芦类、排类、星眼类，外加收藏类，制作出几十种，而且不光是形状，材料也种类繁多，还能说出每一种鸽哨的独特性和典故的，这几乎是没有。

自从那年何永江痛失那一串老哨子之后，世上就很少再见到永字鸽哨的模样，这让何永江传承起来很是困难。他几次问自己："还能不能恢复？是恢复一部分，还是恢复几种？"这些个想法苦苦地折磨着他。何永江深深地明白，想要恢复永字鸽哨制作技艺，光凭几把影模，光凭简单的几下子根本不可能。老北京做鸽哨的也有几家，去鸽子市就可以看到出售哨子的，何永江经常去鸽子市找寻自己跟随师父的回忆，结果，他根本没瞧上眼儿，怎么办呢？何永江深深地知道，门派与门派之间互不串作，更何况，每个字号都有不同的制作技艺，行里摇头的多，点头的少。自己没有精湛的制作技艺，想要恢复永字鸽哨的制作技艺，谈何容易？

就在何永江最苦恼的时候，他做了三个梦，第一个梦，师父王永富满面笑容地说："小子，师父为你骄傲，你能恢复老哨子。"第二个梦，师父王永富满脸怒容地说："小子，告诉你多少回了？找揍是不是？哨口上下功夫，我告诉你的忘了？哨口仰脸喝风，拉风起来哨子焦！记住了没？"第三个梦，师父王永富哈哈大笑，"小子，听话没？师父把做过的哨子都给你过一下眼。看好喽！师父走啦，不许再吵我！"

二、日有所思，夜有所想

三个梦前后发生在二年中，何永江在制作技艺里有多么艰辛，只有他自己知道，每次梦里醒来，都会号啕大哭，是不是对师父的思念，是不是对师父的感恩，是不是对永字鸽哨制作技艺的热爱，从何永江后来展示的作品一目了然。何永江终于成功地恢复了永字鸽哨的制作技艺。

北京鸽哨的本真，政府看得清清楚楚，东城区文化委员会、东城区非遗办公室在确认了永字鸽哨的传承和制作技艺后，非遗办公室的杨建业主任和工作人员耐心、细致地指导何永江申请非遗项目。东城区文化委员会分别在网上和《北京日报》上对永字鸽哨作了专门报道。这么一来，永字鸽哨在京城甚至全国都出了名。东城区文艺家联合会成了永字鸽哨非遗项目的保护单位，为什么呢？因为永字鸽哨产生在东城区的隆福寺，永字鸽哨文化就是东城区的瑰宝。在李宏秘书长的热情帮助下，让永字鸽哨传承人何永江着实地暖和到了心里。政府给予了这么多的支持，非遗的传承人们能不为非遗的传承多作贡献吗？

民间流传一句话：如果心情好，做出的饭菜都是香的。

何永江恢复鸽哨是一个辛酸苦辣的过程，颓废、沮丧、重新、吹牛、满震。辛酸苦辣大家都尝试过的滋味，不必多说。何永江肯定比别人更深更多，用何永江的话说，掰手指头没有用了，掰脚指头，还数不清楚，就一招管用，喝酒、吃饭，大胆地养观赏鸽，为什么这会大胆儿了呢？因为以前老伴嫌养鸽子脏，但现在怕他真的颓废下去，吃饱了混天黑，多可怕呀！一个铮铮铁骨、血气方刚的汉子说缩了就缩（头）了！

沮丧，何永江想恢复永字鸽哨的制作技艺，哪儿那么容易呀！网上搜搜就那么多，粗糙没模样不说，有的甚至没有老规矩的一点影儿，自个儿下手做，不是材料没选好，上手就裂，就是不知道从哪儿下手，好容易想起来怎么制作了，成了个儿却不拉风，拉风了声音不是闷就是吱吱的，何永江这才明白，什么叫一行有一行的手艺，他纵然有车、钳、铆、电、焊、木的尘封十八般好手艺，却打不开尘封了那么久的记忆，在心底深处压着的永字鸽哨记忆库什么时候才能打开呢？

重新来过，心里头痒痒，酷爱让何永江对剜哨技艺重新上了瘾，像一个木桩钉在工作台跟前儿，半天不带动窝儿的。虽说这腿上不动窝儿，脑子、手上都在不停地运动，有一点，何永江非常知趣，制作坏了的事不能往外说，实验了多少次才成功也不能说，打死也不能说。是为了别砸了永字鸽哨的招牌，别丢了师父的脸，别丢了自己是永字鸽哨传承人的份儿。

吹牛，吹牛不见得不是好事。但是，有一点，得分人，遇上个吹牛又没啥能耐的，人家把天吹破了也不必运气，那是人家把吹牛当作一种生活调剂。何永江做出几套哨子后，有点沾沾自喜了，不免有些得意，连果壳鸽哨都做得来，那牛角、牙口、檀木等稀有材料和特殊工艺还不是手到擒来？何永江见过师父的稀有鸽哨的制作过程，但那会儿的他才十多岁，即使是后来把技工的手艺学个满师，艺术品的永字鸽哨中稀有作品是被视为上品的，有品位、有文化的玩主会私家定制。不服输的何永江安慰自己，没有妄想哪来的梦想。从那以后，热闹的鸽子市都不见了何永江的踪影，何永江动了自己的气，闷头在家憋宝数月。要说能人还是能人，人常说：没那金刚钻儿，别揽那瓷器活儿。何永江自从承担起恢复永字鸽哨制作技艺中的精华这项工作那天起，几个月没睡过囫

◎ 北京电视台采访永字鸽哨第四代传承人何永江 ◎

◎ 中央电视台做电视纪录片 ◎

囵觉。而自从他成功地恢复永字鸽哨的制作技艺后，睡得呼呼的，比谁都香。看看展示的时候，人们瞠目结舌的样子何永平江就知道，自己成功了。吹牛是个坏事，但有时也能作为动力激励自己。因为，你没有退

◎ 中外交流 ◎

路，也没有捷径。何永江在非遗传承这条路上选择了坚持不懈。最后，在大家的关注、重视、帮助下，何永江成功了，这个预料中的结果让所有的领导和朋友为之叫好！

好不容易啊！

第四章 制作技艺

第一节

选料和工序

永字鸽哨工序：1. 切。切工很重要，做哨讲究要么有形，要么没形。但哨底要正，哨口要有弧度，这样鸽子戴起来，拉风时才能音正，鸽子不会伤力。这就要求切时手要准，切口要平。2. 掏、剥。掏芯（瓤）、剥皮是指将材料外面不规整的表皮和内里的芯掏、剥干净、均匀，这道工序关系到鸽哨的分量和鸽子戴起来费力不费力。3. 磨。每一个细小的材料、件都要经过砂纸打磨，磨法要细，磨法直接关系到各个部位连接严实不严实，如果透风的话，鸽哨大失风采，也就是不响。4. 粘。白茬粘是最难交活的工序，稍微有一点瑕疵一眼明了，所以鸽哨做完后很少有不上色的，交白茬活的。5. 上色。上色分上色和上漆两种。颜色以土著黄色、铁红色、黑色为主，还有本色、古铜色。

鸽哨是传统的手工制作，有它的单一性和悟性。单一性是纯手工制作，悟性则是口口相传下来。鸽哨具有天然、环保、实用又不失观赏性的特点，很有收藏价值。另外鸽哨还具有它的独特性，一套一个样，一哨一个样，一哨一重量，每套和每套大小不一样，鸽哨是古老的、宝贵的、传统的物件，这也是鸽哨的妙处。

永字鸽哨文字记载很少，它的故事对人们来说是陌生的，但鸽哨的声音是人们熟悉的。北京鸽哨（永字鸽哨）制作技艺在政府的支持下，被列入东城区非物质文化遗产、北京市非物质文化遗产。传承人在传承技艺的同时，也在为申请国家级非物质文化遗产积极作准备。

第二节

工具

一、工具

1. 锤子
2. 磨刀石、砂布
3. 尺子
4. 劈刀
5. 板锉
6. 圆锉
7. 筒刀
8. 四种大小鹰嘴刀
9. 大小偏口刀
10. 四种大小凿刀

◎ 刀具原材料 ◎

◎ 工具 ◎

二、工具的使用

（一）切

劈刀分平板刀、刮板刀、劈竹板刀。

大偏口刀子用于削圆、削坡、筒的光、亮度（主要是竹子）；小偏口刀子用于削口、竹、葫芦。

四种鹰嘴刀用于掏眼、坡口、剜口。

大小鹰嘴刀。

（二）凿

大小凿刀、锤子、索弓子、锯。

四种凿刀用于凿口用。

（三）掏

掏眼刀、锉、砂布。

掏的工具用于掏薄竹筒、葫芦，做盖、削、切、剜，修圆、修边、扫口、内括修口、平口面、整形，扫口、耳朵底、口抹胶。

（四）对

砂布用于对。

（五）磨

磨的工具有砂布、锉、掏眼刀子、磨眼棍。

（六）粘

用猪皮膘、鱼膘、三抓锅熬成胶状来粘。

（七）上色

调色用红土子、黄土子、锅底灰、墨汁、桐油。

（八）上漆

桐油加松香调制。

第三节

制作工艺

何永江习惯用传统的制作方法来剜哨，几把刻刀、一把柴火制作成的鸽哨，完全可以同工艺品媲美。虽然现在是电控操作的新时代，但电脑却无法用应用程序来操作制作鸽哨，电控机械终是代替不了传统的纯手工制作，传统的纯手工制作既是老祖宗留下的遗产，也是传承人传承的责任。北京之大，只有永字鸽哨等几家；中国之大，只有北京鸽哨的几家；世界之大，就有中国鸽哨的几家，谁来传承就成了问题。

人们都希望，这门古老的制作技艺在当代依然完好地保留纯手工制作的流程，材料依然贴近大自然，为后代保留下这几百年的纯净。

虽然，北京鸽哨的制作技艺有一定的局限性。静态的鸽哨不被大多数人所认识。但北京鸽哨的制作技艺在全国是第一位的，乃至于在世界上目前还没有听到哪个国家、哪个城市、哪个名家能够纯手工制作出一把哨子。北京鸽哨在全国甚至世界各地，只图一样，让北京鸽哨的制作技艺不要丢失，让世界人民都知道，鸽子是和平的象征，而北京鸽哨的声音代表着呼唤和平的呼声。

别看鸽哨体积小，但制作过程一点也不能含糊。每一道工序都是组成鸽哨整体的关键。否则，鸽哨的外观、耐用、声音的效果都会受到影响。每一个遵规的制作手艺人，都会对自己纯手工做出的玩意儿（作品）的程序有着极高的要求，这些极高的要求让当今运用机械操作的人们难以想象。由于客观条件（比如工具等）的发展，老辈人做出的作品，尤其是精确度、速度或许无法与现在的相比，但老一辈手艺人的精神感动着每一个新时期的人。老辈子的手艺人究竟是用怎样的智慧、才智、经验，贮存着、掌握着、承载着这些精湛的技艺的呢?

一、选料

竹、苇、葫芦、瓢是制作鸽哨最常用和最普通的材料，除了必须精挑细选外，还要进行分类处理。

先说选料，选料要细，可以根据自己的构思和创意去选。一般的鸽哨手艺人是进一批原料后再去细酌，因为有时会错过选料的季节。首先，选料要干净，竹、苇要选没有糟朽的当年的新料。苇还要放到通风干燥的地方存放，那样可以随用随取。

◎ 竹板、竹筒 ◎

◎ 苇子、竹筒、竹板 ◎

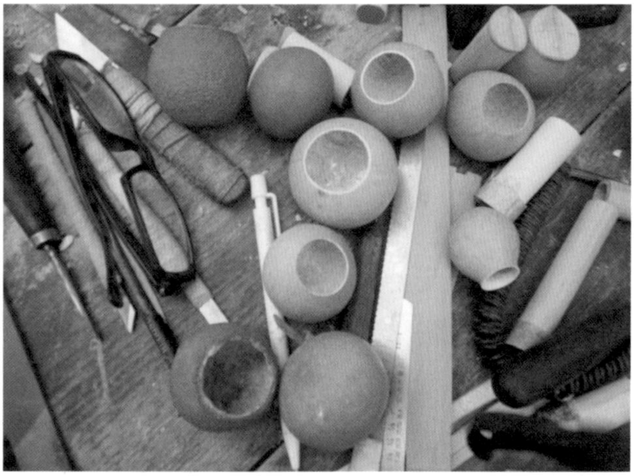

◎ 半成品 ◎

◎ 葫芦 ◎

（一）做鸽哨的竹的选料

鸽哨的竹有两种，分别是箭竹和毛竹，要注意的是，购竹时一定要过问一下收竹的季节，最好是冬天数九后砍伐下的竹子。因为，春、夏两个季节是竹子筋脉放开生长的季节，秋天则是竹子刚刚开始收筋脉的季节，这样的竹子选来用会在制作的过程中开裂，或是存放不了多久。冬天数九后，大地寒冷，竹子的筋脉完全收紧，准备过冬。竹子的密度大、筋脉紧致、有拉劲和弹力，而且竹内壁厚也结实。有经验的手艺人会用经年候的竹子分竹皮和竹瓤两部分制作，用于区分制作后鸽哨的音色、音高不同。竹的选料还要注意一点，这也是同行里很多人不知道的，或者忽略的一点：在旧时，交通运输很不方便，用竹的商家都是由南方水运材料，那会儿，在京城找一根竹竿很困难。鸽哨的制作名家们千方百计地淘换鸽哨原料，得点材料就宝贝似的看着。如今不同了，交通方便快捷，想要什么样的，只要用心找，都能找到。实际上，几辈永字鸽哨的传人都有传授，竹子的选用是有规矩的，要想做一把精良的筒哨，必须用竹子从根的底部往上数一、二、三节后，四、五、六节才能用。因为根部的竹长相不好，歪、裂、粗细不均、不圆。而四、五、六节则不同了，这三节竹是整根竹子吸收水分、成长过程中放和收最均衡的三节，也就是说，四、五、六节既不像一、二、三节那样歪歪裂裂、长相不圆，也不像四、五、六节上面的竹节下粗上细、有凹槽、上下不匀，是最适合做鸽哨的一段。

要选用见了冰碴后砍伐的苇秆。如果可能的话，当夏季时节，在苇长到一定高度的时候，用刀削去苇尖，这个办法也适用高粱秆，让养分充分被苇秆吸收，那样，苇秆的利用价值会更高。

竹、苇是用来做筒类哨的好材料，尤其是套系列鸽哨。后面会提到鸽哨的四大种类和永字鸽哨的收藏类。凡是筒类哨都是竹和苇刳制而成，葫芦类、星排类、眼类的大一些的筒也都是竹子刳制而成的。而小些的，特别是小如豆粗细的小响，比如，哨盖上的小崽，也称抱崽，都是苇秆制作的。别以为抱崽只是个摆设，那是真正的名副其实的小响，是完全按照一个哨体的全部流程制作而成的。之所以鸽哨流传了这许多年，是与玩主喜爱鸽哨的精致和艺术的美分不开的。鸽哨既是民间喜闻乐见的小玩意，又是民间工艺品。

就拿竹料处理来说，老辈儿们把自己几百年的经验总结口述了下来，竹料经过处理后，破劲、舒筋、风吹日晒，经过三年后才能使用。门规严谨的家儿一定不会使用没有处理的材料。尽管这样，以次充好的家儿还是大有人在，这也是名家与杂不透的区别之一。好看、耐看不说，能响、真响不说，如果材料处理不好，半成品、成活出了岔儿，这才是白费工夫，肠子都要悔青了！

选择葫芦和瓢做原材料，要外观干净，长相匀称，薄厚合适，对于做葫芦类鸽哨同等重要。一把压腰小葫芦，如果选择不好，不是费工费料，就是在制作过程中半途而废。

葫芦表面要干净，这让手艺人们很头疼，他们会直接到很多种葫芦的人家中去挑选，得在成堆不同品种的葫芦中精心挑选。虫亲、阴皮、灾年，这些都让本来长相端正、品相很优的葫芦失去使用价值。比如，虫亲，这也是种家儿的行话，指的是虫爬过或吮吸过表面汁水的轻微动作，即便是很小很小的虫，只是微微的触碰就会给美丽的葫芦划上个残了的标记。即使手艺人怎样会磨、上色，也过不了明眼人那一关。

阴皮，更不用说了，是葫芦品相最大的忌讳。阴皮是指葫芦在自然风干时，皮里面的水分挥发不出去所起的霉斑，也有是保存时葫芦互相挨挤通风不够造成的。

手艺人们得到一批好材料不容易，保存起来也非常难。鸽哨制作手艺人在选料、备料上要下很大的功夫。要知道，选料是有季节的，尤其是制作收藏类永字鸽哨用的果壳材料。如果在收获季节选不好之后一年甚至两三年要用的材料，像竹和苇就需要放上三年以上才能使用，那以后的几年就只有闲下来喝西北风了。同行们都视材料为宝，所谓借钱不借道，这是行里的规矩。就是说在材料上短了、缺了，或者在制作过程中废了、砸了，那都是自己的事。

这里要着重介绍一下做鸽哨用的特殊材料。

制作鸽哨的材料除了竹、苇、葫芦外，还要大致再分几大类。

1. 木质类

木质类分为檀木（紫檀、黑檀、血檀等）、楠木（金丝楠、普通楠等）、梨木（黄花梨、海黄梨等）、枣木（要枣木里的紫红部分）等。

2. 果壳类

果壳类分为菱角壳、白果壳、莲籽壳、荔枝壳、桂圆壳、橘子皮等。

3. 动物角类

角类有五色。包括牛角（牦牛角、特殊牛角等）、牛骨、牙口（包括象牙、海象牙等）。这里要说明一下，目前制作骨头类鸽哨只是为了非遗传承工作恢复传统作品，不提倡仿制，不提倡买卖。

◎ 檀木类原料 ◎

◎ 牛角类原料 ◎

◎ 骨头类原料 ◎

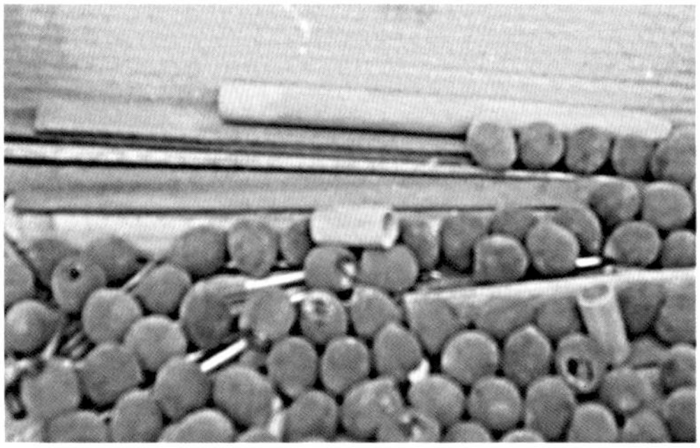

◎ 果壳类原料 ◎

无论是特殊材料还是普通材料，如果不作处理，都会对当年的收藏有影响。行内有个统一的叫法，处理过的材料叫熟料，没经过处理的材料叫生料。

在说切料之前要先补充一句，那就是用来做活的料只能是经过处理的熟料，没有经过处理的生料，不能用。

二、工序

（一）切

正式的工序，第一道就应该是切。

切工很重要，做鸽哨要么有形，要么没形，要么大，要么小，随意就可以。但是，真正讲究的是哨底要正，哨口要平，只有这样鸽子佩戴起来才能稳当，有模有样，拉风音正，鸽子才能不伤力。

拿一截竹管举例。

首先，竹管要量好尺寸，哨筒的尺寸是有讲究的，拿一个二筒的前后两个筒来说，前面的筒是一寸二，后面是高出五六毫米。老辈儿是按英寸说，后来是木匠尺说，现在用公制尺寸说，所以说前面的筒是一寸二，合现在的尺寸为36毫米，后面的筒是43毫米左右。

◎ 切竹筒 ◎

用铅笔标好尺寸，开始下刀切，切竹口时，刀力要拉直，刀锋要快，不能拉歪或拉出竹丝来。哨口拉偏了，哨盖无法对粘上，哨口拉出丝来，竹皮受到损伤，哨筒容易裂成两半，而且影响整体的美观，有时竹丝拉得深，上漆都没法弥补，材料只好废了。哨口、哨底切口是否合适影响在空中鸽哨发出的声音大小和音乐美不美。

对于鸽哨的切工，玩哨的人会第一眼来相，相不上，第一道工序就砸锅了，以后就更不好说了。

（二）掏

哨口找正了，哨口切平，就该掏这道工序了，掏就是掏竹筒里面的芯。

实际上，对于竹料来说，剥皮的工序在掏的工序前面。在选料的时候，有经验的手艺人趁着竹、葫芦、苇还是青料的当儿，就已经趁着皮嫩就下手把外皮剥净了。这是因为竹子的外皮筋筋棱棱、芯里也薄、厚圆不匀。葫芦剥了皮，水分挥发得快，阴皮就不会出现。苇剥了外皮会减少糟、发的现象，少出腐料。可恰恰这样的机会手艺人却很难碰得上，除非自己去产地进料。这也是何永江在农村小院自己精心培育葫芦和寻找生长苇竹的沟、塘的原因。

剥皮和掏芯有时会一起进行。所有的植物都有阴阳面。阳面那一

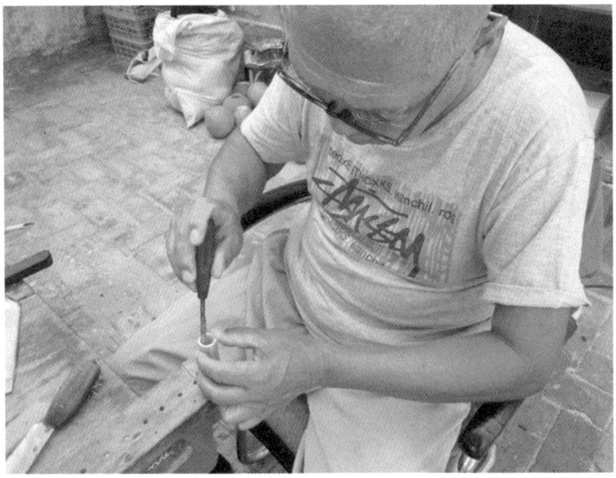

◎ 掏芯 ◎

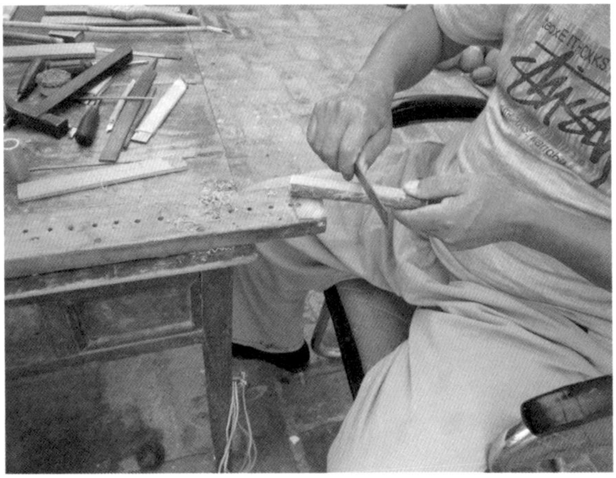

◎ 剥皮 ◎

半就会长得健壮结实，阴面那一半就会相对的脆弱、削薄。在人工帮助下，有些材料可以改变阴阳面，有些就改变不了。比如，葫芦可以，竹和苇就不可以，这也是自然界的规律。

所以，剥皮和掏要先看整体的料的需要再去下手，看似简单的一件事，其实非常不易。

掏，也就是把竹、葫芦、苇、高粱秆、向日葵秆等里面的瓤全部掏干净，根据整体的重量，把瓤掏净、刮圆就可。重量超过要求的还要刮薄里面的厚度，这是为什么呢？材料里面的瓤会容易糟朽。受潮快，不好保存，瓤的纤维拉度没有皮的有力，因此哨腔的好坏会对以后成品的音色、外观、轻重起着决定性的作用。剥掏后的材料就叫哨腔。

掏也不是个简单的工序，掏厚了，最后大小响组合起来，鸽子戴不动；掏薄了，漏了，一切都白费功夫了。尤其是竹、葫芦的内芯，掏得均匀与否直接影响着轻重和美观。所谓“这把哨子打偏称”，就是指掏芯薄厚不一样。这个手艺没有别的捷径，就是得苦练功夫。据说，要想做到手下有准头，真有人计算过，得掏100多根竹竿才能让活儿差不多上眼儿。

（三）做口

剜口，剜口是鸽哨发出美妙声音的关键。口的材料种类很多。比如，竹口，是竹片剜出来的口；瓢口，是葫芦瓢剜成的口；木质口，是檀木、楠木、花梨木、枣木等剜出的口；动物类，牛角、牦牛角、牛骨、象牙等剜出的口。这些材料都可以做哨口的料。只有一点，剜口的时候，使用的工具是不同的，制作流程上有烦琐和简单区分。

剜口的工艺，最精致美观的当属永字鸽哨。而且，永字鸽哨的全套工艺与其他门派也大有不同。虽说是老字号，但永字鸽哨的工艺在现在来看，也令人惊讶其精准和细致。说是剜，实际上结合了切、凿、磨、剜四种工艺。凿，首先，拿一块适合的哨口料，用铅笔画好线，用切刀把料切圆。值得注意的是，永字的方法与其他门派的区别就在于，切圆的哨口料还连接在原来的大料上。机械为什么代替不了人工剜哨的工艺，就在这手艺人的眼力、手感、技艺和经验上面。即使在现代化的今

◎ 做口 ◎

天，机器仍然无法代替作为非物质文化遗产的鸽哨的纯手工制作技艺。

（四）磨、对

对缝，听起来像是瓦木工的活，其实也是有点相似。

半成品的鸽哨，主体筒或葫芦做好了，哨口也剜好了，基本上也就成活了。那么下一步就是开始拼对成一件成品坯子。哨口也叫哨盖，要在和哨主体拼合的时候才能显示出做工的技艺。说实在的，在这个磨和对的技艺上包括了技术工种的很多手艺，就像一件作品，在它还是半成品或者刚有影模的时候，前面的功夫有没有到水准，活坯子就能看出来，这也是艺术家和工匠的区别。手艺人就是民间的艺术家。民间的艺术家虽然在理论上码不过大牌的艺术家，可经验、审美、活上一点都不亚于艺术家，保护非遗工作就给了民间的工匠实现理想的动力。

简单地说，哨口和主体对缝不严的时候就需要磨的功夫。磨，看起来没有什么，却完全是凭经验、眼力、手感、力度，本来就已经成型的哨口和主体大多已经到位，薄厚、大小、位置、周正已经刚刚合适，也许只差那么一点儿就好，恰恰这一点点儿，会让下一道工序，黏合出现问题，既要留有黏合的缝隙，还要不能透风。现在的电子产品虽然精度高，但对这却无能为力。磨，还要轻轻地磨，要有耐心、有平衡力。既

◎ 磨哨口 ◎

◎ 对哨口 ◎

要把哨口和主体接口的沟沟坎坎磨平，还不能磨裂。要知道，主体的活就要出来了，不能分心，不能急，轻轻地、慢慢地，拿着尺度的劲儿来磨平所有要磨平的地方，磨出自己想要的模样。选一块合适的砂布，轻轻地在哨口和主体口上磨，磨也有规矩，要顺丝磨，不能逆着磋口磨，因为现在的半成品鸽哨主体已经很薄，哨口已经成型。对缝也只需那么一点点的力度就可以了，千万不能用力。对缝，首先要看整体周正不周正，差一点都不行。工匠和手艺人是在工作、方法、技术上有等级不同的区分。

（五）粘

在磨和对缝的时候，有经验的鸽哨手艺人已经在接茬的地方留有余地。为了方便粘活时的涨活。什么叫涨活呢？最早的哨口和哨主体粘接的活，是哨口插入哨主体，现在的手艺人还有这么做的。其实，巧手的鸽哨手艺人早已在不断地创新中改变了许多制作工艺，让纯手工的作品做到了巧做。一是为了作品质量，二是为了鸽哨的音色更加美、更加悦耳。每一代鸽哨手艺人，每一位老字号的工匠都用自己传承下来的技艺不断地改进着作品。

◎ 粘哨口 ◎

几代的手艺人精琢细作、精益求精，让历史淘汰了曾是巧活变成笨活的手艺，又让笨活在不断的创新中变成了巧活。

（六）上色上漆

最后一道工序，上色、上漆。上色和上漆的活，是鸽哨手艺人们喜

◎ 上色上漆 ◎

悦的时刻，即将完成的作品在这道工序后就将成为上市的产品。上色和上漆也是一门成熟的手艺。就像我们现在看见的包装一样，会让作品更加完整美丽。

一般的上色是用颜料或土子，土子是一种天然的染料。要根据需要的颜色取用。用毛笔轻轻地刷颜色，植物都有它的阴阳面，阳面颜色深一些，阴面颜色浅一些，上色植物一定要注意成品颜色的深浅。上色后，还要用细砂布轻轻打磨一遍因上色不匀形成的凹凸。用毛笔再轻上一层颜色，成品最后还要用透明的油再刷上一遍。

上漆比较简单。如今，上漆工序省事多了，成品上有瑕疵，用上漆来弥补那是常事。但要同玩哨名家讲白，否则，明眼人会一眼看出毛病，杀鸽哨手艺人的价。

上色也是很细致的一道工序。鸽哨虽小，但上色一点不能马虎，上色不匀，不仅会使鸽哨整体大失风采，价格也会受到影响。但有一个问题比较麻烦，就是上色的时候，如何让小小的鸽哨固定而且全方位地展现，其实这个问题很好解决，也就是说师父一句话就能点破了困惑。爱出去郊游的朋友，就找农民朋友要几根秫秸秆（高粱秆），把创作完成的作品插在秫秸秆上就解决了。

按理说，上漆上色是单一种工艺，而对于鸽哨制作技艺来说，它包括了不少的工艺流程，北京鸽哨的制作技艺中上色和上漆是两种工艺。上色，是以土著黄色、铁红色、黑色为主，再有就是本色、古铜色等五种颜色。土著黄色和红色代表着古老的皇城的红墙、黄琉璃瓦的尊贵和权势。黑色更奇妙，鸽哨制作手艺人他们认为既然鸽子是生灵，那么鸽哨的声音也是具有生命的，要想漂一身皂（黑色），黑色既漂亮又扎眼，在空中飞的一盘鸽子戴上黑色的哨子很是壮观，而且一目了然。戴哨子是为给别人看的，而那声音却是自己同别人一起欣赏的。本色的哨子，求一把非常不容易，本色的哨子不仅仅呈现了鸽哨技艺的精湛，而且声音也要天衣无缝，已经几乎做到了鸽哨的极致，永字鸽哨在这一点上可以说已经做到了无可挑剔。

上漆，听起来容易，但刷一刷就得了的想法根本无法交活。刷子的纹路不能有，还要掩盖住鸽哨制作中的瑕疵。因为在制作中，作品难免会出现瑕疵，扔掉吧，舍不得，鸽哨做到这个份上已经离成功不远了；不扔吧，对于严格的师父们来说，让人家玩主一眼就瞅出来，丢门派的脸。聪明人必有聪明的法子，练出了一手上漆的本事，拿来遮丑。如同一白遮百丑一样，一漆救活了不少稍有瑕疵的鸽哨。原来有人专门求上漆的鸽哨的，是因为漆色漂亮，收藏更久。那时，要是拿出一堂老永字鸽哨来，那真是牛了！

鸽哨制作行业里，永字鸽哨是所有宛哨同行里要求最多的。值得注意的是本书会把永字鸽哨成品哨的重量也归纳进本书，因为鸽哨的声音是佩戴后发出的，所以要考虑到鸽哨的重量让鸽子能接受，这就更加考验制作技艺，无论是选材料还是手工制作过程都不能马虎。

一把哨一个样是因为纯手工制作没有绝对一样的，一套哨子一个样是因为使用不同的材料，一把哨子一重量，是因为纯手工制作既要响，还要轻，还要模样精致。不能因为马虎，让鸽子受罪。

筒类重量：重的七八克，轻的三四克。

葫芦类重量：大的十五六克，小的七八克。

◎ 天平称重量 ◎

第四节

鸽哨白线图欣赏

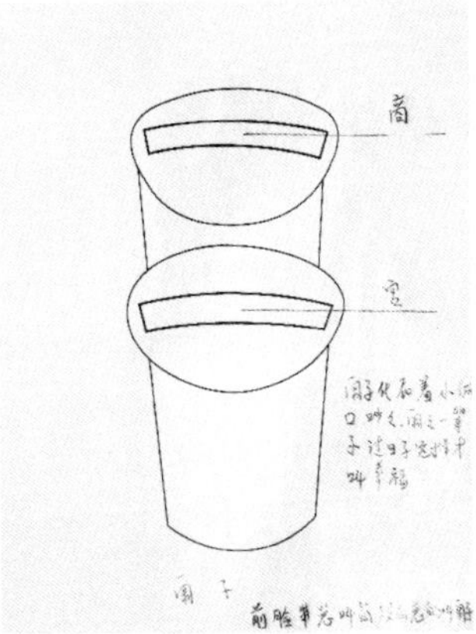

◎ 闸子 ◎

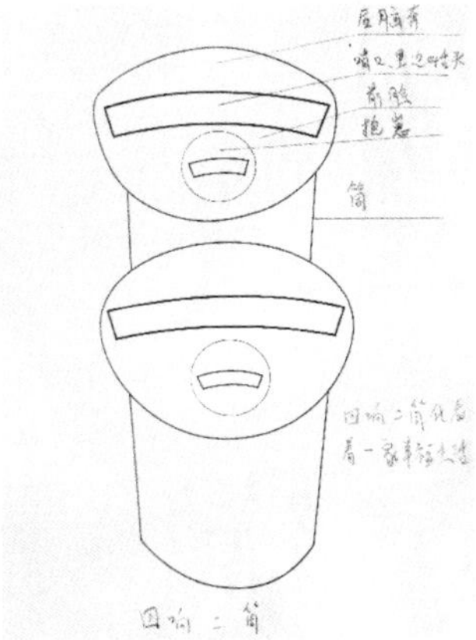

◎ 四响二筒 ◎

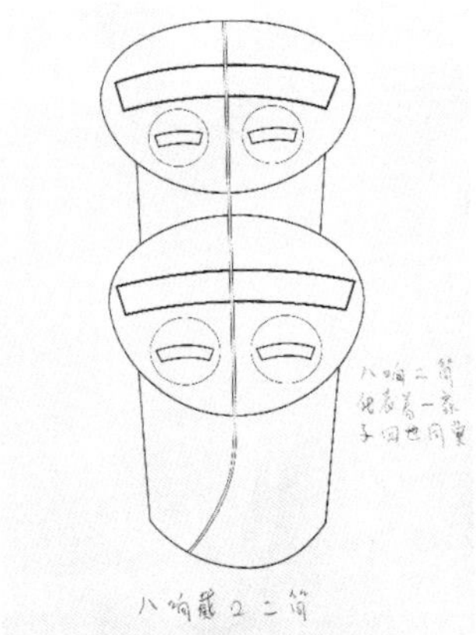

◎ 八响截口二筒 ◎

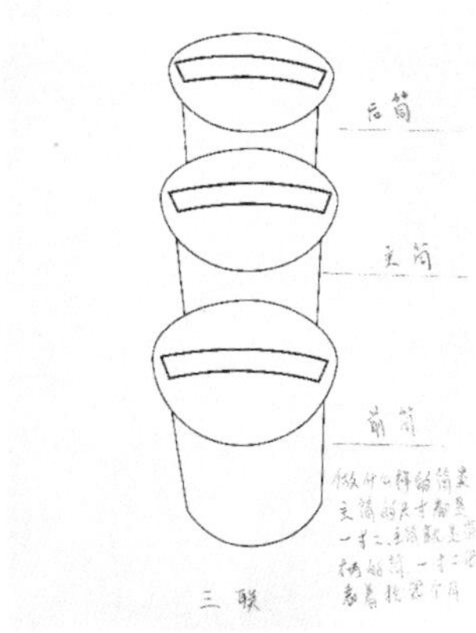

◎ 三联 ◎

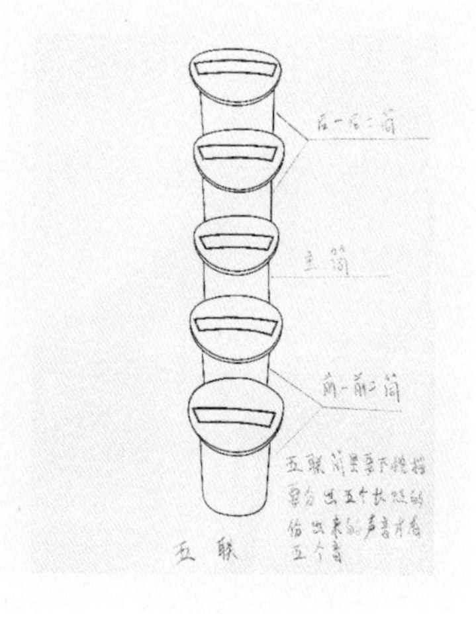

◎ 五联 ◎

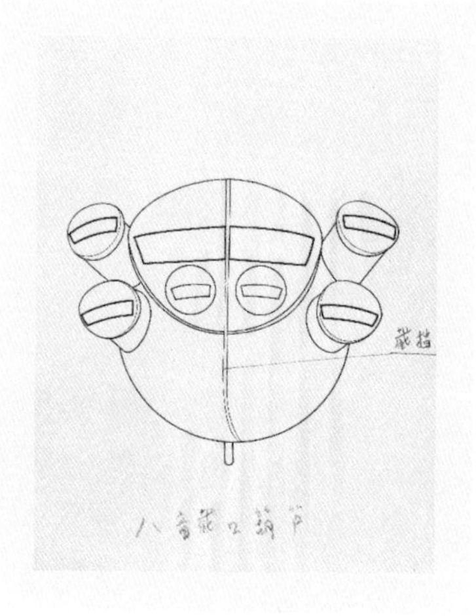

◎ 八音截口葫芦 ◎

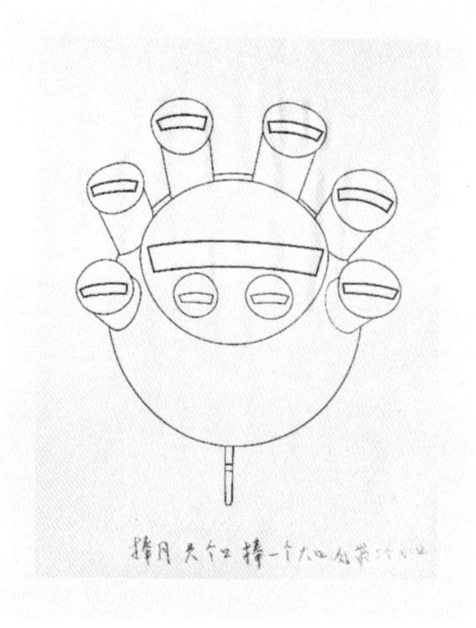

◎ 捧月六个口捧一个大口外带两个小口 ◎

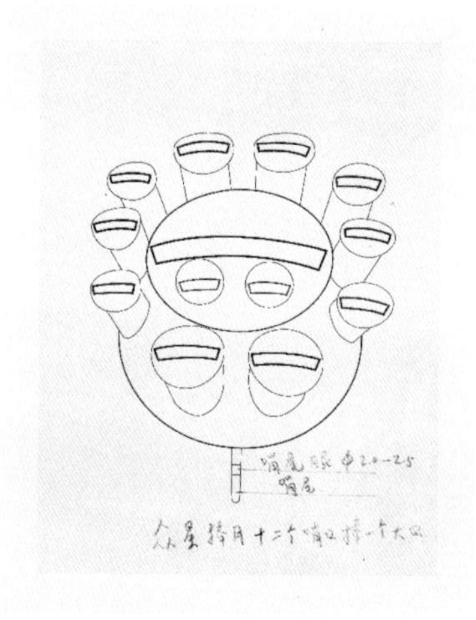

◎ 众星捧月十二个哨口捧一个大口 ◎

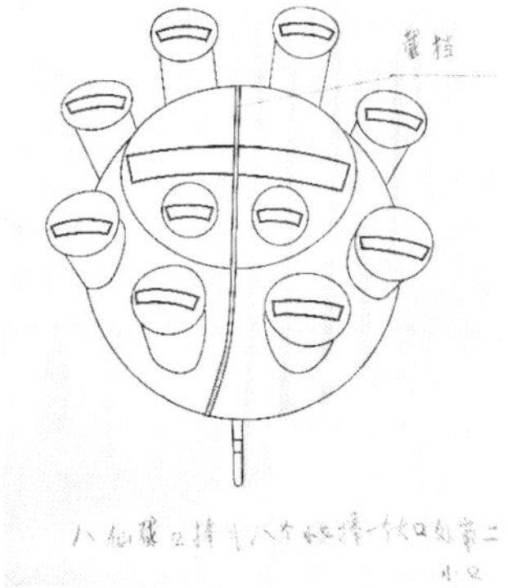

◎ 八仙截口捧月八个小口捧一个大口外带两小口 ◎

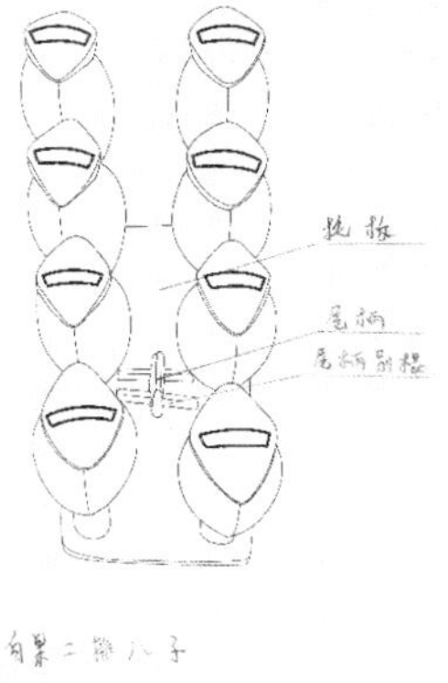

◎ 白果二排八子 ◎

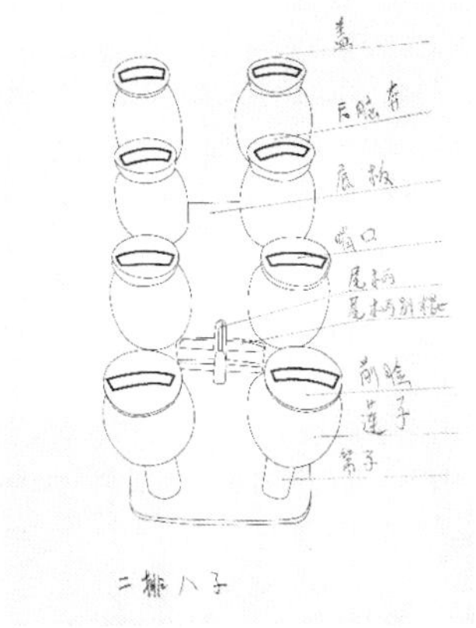

◎ 二排八子 ◎

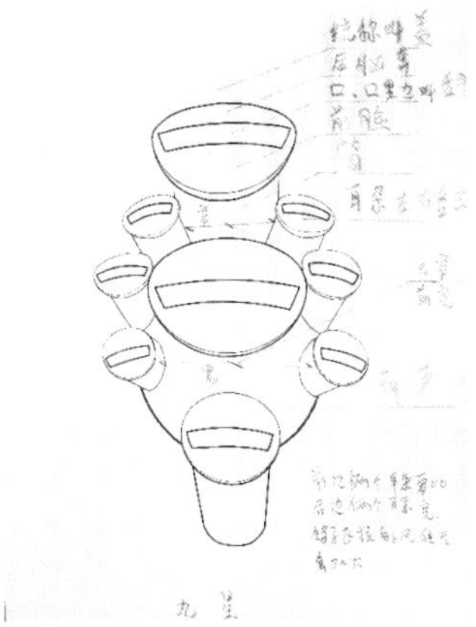

◎ 九星 ◎

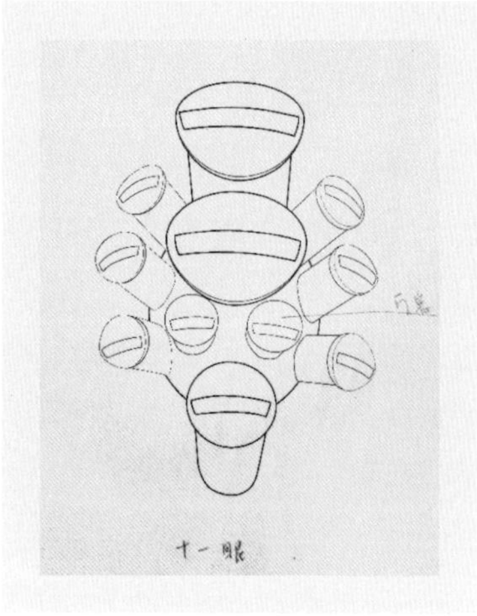

◎ 十一眼 ◎

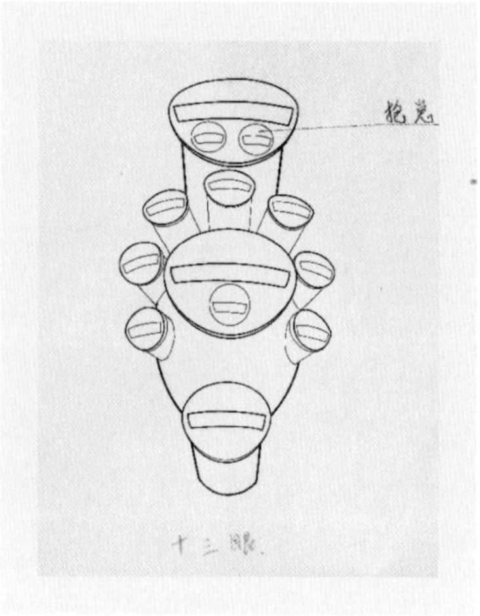

◎ 十三眼 ◎

第五章 玩具做成了工艺品

第一节　永字鸽哨类型简介

第二节　筒类鸽哨

第三节　葫芦类鸽哨

第四节　星眼类与星排类鸽哨

第一节

永字鸽哨类型简介

永字鸽哨每一代都有它的具体内容、特点和代表作。永字鸽哨以二筒、三联、五联、小大葫芦截口为主，因永字鸽哨几代传人都善用各种制作材料，这让永字鸽哨不但品种多，做工和技艺也属上等，而且以眼多、崽多、材料独特、耐戴为特点。加之，永字鸽哨的声音偏高、偏亮，更得鸽主的喜爱。随着鸽主们的喜爱加深，或大或小、或精巧或粗犷、纯手工制作的永字鸽哨竟逐渐发展成了工艺品，成为了收藏的上品。永字鸽哨传到何永江这一代（第四代）大致分为五大类。第一类是筒类：二筒、三联、五联。第二类是葫芦类，分为两组：第一组是三响、五响、六响截口、七响、八音截口、七星；第二组是八响捧月、众星捧月、截口捧月、截口众星捧月、二十四响、三十六响。第三类是眼类，分为两组：第一组是七星、九星、十一眼、十三眼、十五眼、十七眼、十九眼；第二组是二十一眼、二十三眼、二十五眼、二十七眼、二十九眼、三十一眼。第四类是排类：五星五子、两排六子、三排九子、三排十二子、三排十五子。第五类是收藏类：菱角壳哨、莲子壳哨、桂圆壳哨、荔枝壳哨、白果壳哨、橘子皮哨等。

◎ 鸽哨集萃 ◎

第二节

筒类鸽哨

筒类鸽哨，也称联筒类鸽哨。

筒类鸽哨，大致有二筒、三联、五联。先说说二筒。二筒是最早发明的鸽哨种类，可以说二筒是鸽哨的起源。民间有个小传说，管二筒叫小闹子，因为原本安静的天空，叫二筒嘹亮的声音给打破了。而且，受到惊吓的鸽子（一般是指初佩戴鸽哨的鸽子），在空中不知所措地飞来飞去，那声音很吵，有人会觉得太闹了。所以小小的二筒鸽哨有了个俗名，就叫“小闹子”。但是鸽哨手艺人却有不同的看法，他们把二筒由单只发展成现在的两只，将二筒称为“小两口”，吵吵闹闹一辈子，但谁也离不开谁，这是他们口中“小闹子”的由来。戴着鸽哨的鸽子会格外受到喜爱，加之，玩主们用细粮杂粮，什么红小豆、栗子、豌豆、高粱、麦子等精心地饲养，鸽子们也感到佩戴鸽哨会格外受宠爱。鸽子是有灵性的，时间一长，就不再害怕戴鸽哨了。从此，鸽主们纷纷给自家的鸽子戴上鸽哨，一只变成两只再到无数只，一家变成两家再到无数家。京城就有了鸽哨的文化，这之后发展出的所有的鸽哨种类，都是从这俗称“小闹子”的二筒而来的。

二筒被人们接受，鸽哨手艺人开始研究三联五联。鸽哨制作到了三联、五联的时候，鸽哨手艺人就考虑到了鸽子佩戴时的载重能力。上面说过，鸽哨是由竹筒做成的，竹子虽然算是很轻了，但戴在鸽子的尾羽上就是个问题。尾羽一般只有12根，也有14或16根的。捆绑鸽哨后，尾部一定有负重感，而且在空中飞翔还要拉风，鸽哨虽小，但拉起风来就是几倍或几十倍的拉力，鸽子是勤奋的鸟类，它不会因为拉风时吃力而停下，这样鸽子会因此而受内伤。沉重的鸽哨会让优良的鸽子因佩戴哨子而受内伤，鸽主们可就不干了，所以他们拒绝佩戴粗劣的鸽哨，因此手艺人们就得对鸽哨的重量精益求精。

酷爱剜哨这一行当的鸽哨手艺人们，不断研究，在制作工艺上加细。首先把材料经过加工变得更薄、更耐用，这上面就很麻烦。最初的鸽哨不是制作一个就响一个，不是制作一个就能发出美妙好听的声音。嘶哑、扎耳、闷声、小声、不出声音都是鸽哨的大忌。如何让鸽哨的声音变为悠扬、嘹亮、美妙，这可是考验鸽哨手艺人的本事和能耐的时候了。正是因为对鸽哨制作的酷爱，当把灵魂全部倾注在鸽哨的每一部分时，那么手艺人们的智慧才能逐渐发挥出来，也让鸽哨最终达到完美的程度。鸽哨制作技艺就是在鸽哨手艺人的带领下，一步一步地走向成功，走向作品的极致与巅峰。

三联、五联是二筒的继续，说是三个筒、五个筒，其实不简单，既要拉出风，又要不出同一个音儿，筒、盖、底的薄厚、粗细、高矮、排列，在制作中都是有规矩的。鸽哨手艺人既要把鸽哨的样式、质量做好，也要保证鸽子们佩戴符合规律性。小小的鸽哨，被评为北京市非物质文化遗产，它是一种文化，一段历史，一份荣誉，对传承人来说，更是一份鼓励，一份巨大的动力。

筒类鸽哨最不好做的是六响二筒、八响截口二筒。有图片显示，一个小的筒类永字鸽哨也就二三克到五克，这样轻的筒类鸽哨据说在鸽哨里为首位。为什么这么说呢？二筒、三联、五联的主体都是由箭竹竿

◎ 二筒 ◎

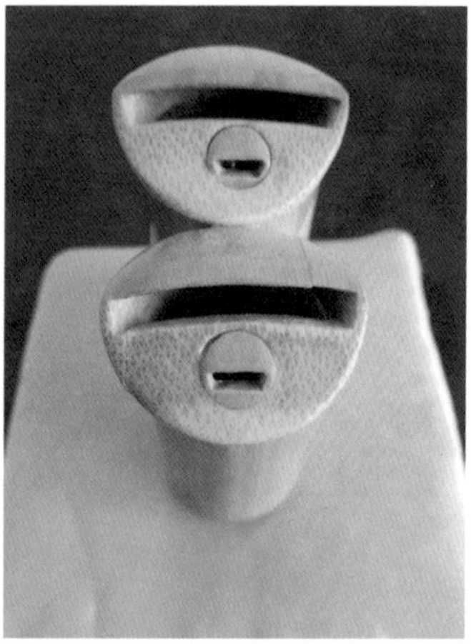

◎ 二筒抱崽 ◎

◎ 六响二筒 ◎

◎ 五联 ◎

来做的，剥皮、掏芯，甭管有多好的手艺，也得从薄厚、轻巧、精致、耐用上做。当鸽子迅速飞出鸽巢冲向天空的时候，难免会磕碰到窝门、树枝、屋檐等地方，鸽哨如果不结实很容易损坏。所以一方面要驯养戴哨的鸽类，一方面就要在自己的技艺上下功夫。只有经过大量的佩戴实验，才能掌握好制作出耐戴的鸽哨的火候。每一把鸽哨的制作都倾注了鸽哨手艺人的心血，每一把鸽哨的成功都会让鸽哨手艺人非常喜悦，而每一把鸽哨的失败则让鸽哨手艺人掬一把辛酸的泪。看似一把简单的二筒，完成后的主筒的高度为一寸二分（老辈子是英寸），前面的附筒还要根据音色的需要来定。为什么要在本章详细介绍二筒的制作过程？因为，后面的葫芦类的小筒或小响，排类的所有主体筒，眼类的所有大小响的制作都和筒类相似。可以说，筒类鸽哨是其他种类鸽哨的开始。也可以说，葫芦类、排类、眼类鸽哨是筒类鸽哨的发展和延续。还可以说，只有练好制作筒类鸽哨的基本功，才能制作其他几类的鸽哨。

第三节

葫芦类鸽哨

葫芦类鸽哨，是在民间流行的鸽哨中最具代表性的一种，也是玩主们竞相购买的一种艺术品。一把葫芦哨儿的创作过程，给鸽哨的制作技艺蒙上了神秘的面纱。鸽哨的制作技艺，让鸽哨制作手艺人和鸽哨爱好者们从爱上这一行当开始，痴迷了一辈子，不但自己痴迷了一辈子了，还传给了下几代。

一、当事者迷，其实很简单，不就是几把葫芦做的一把哨子吗？

外行人只知其表而不知其里。每把葫芦哨子不但融入了制作者的情感，它本身还有着自己的典故和说儿。每把鸽哨在材料、技艺、制作上都非常有讲究。这一讲究严格地要求了制作者眼光、手艺、创意甚至思想。眼光是什么？是观察鉴别事物的能力；手艺是什么？是指具有高度的技巧性、艺术性的手工；创意是什么？是有创造性的想法、构思等；思想是什么？是客观存在反映在人的意识中经过思维活动而产生的结果。

总的来说，要求高、追求美。非遗制作技艺大都是口口相传，用文字来叙述本就是件难事。

葫芦类鸽哨，材料用得多样，用得巧妙，才使葫芦类鸽哨千姿百态、千变万化。主体葫芦的选用，创意是一，构思第二，下手第三。随着市场的需要，鸽哨手艺人们在过去的那些年代里，为了生存，为了维持名声，互相竞争得很是厉害，逐渐地各个门派在鸽哨的质量、花样、美观上都下了不少的功夫。

葫芦类鸽哨是个多元化的物件，除了葫芦做主体是固定的模式外，葫芦的盖口，葫芦周围的小哨口，材料、样式、制作工艺都千变万化。

材料上，虽都是葫芦，却分为伏里葫芦、伏外葫芦，因音色不一样，伏里葫芦为上品。如果想做一对葫芦哨、一套葫芦哨、一樘葫芦哨，一棵葫芦秧为好。一棵葫芦秧，就像一位妈妈生下的双胞胎、多胞胎的儿女一样，虽有点不一样，但大致应该是一样。这个要求，大多数制作者很难做到，哪有具备这样的条件呢？要不，要求卖家单独订购，大多是假货；要不，自己种葫芦，在城里屁股大的地方，不风溜的院里葫芦不爱结果。

二、别以为是卖弄文字

葫芦主体的大口小响的材料是竹、瓢、木、牙口、角、骨。木分为檀木、楠木、花梨木等；牙口有象牙、海象牙；角有犀牛角、水牛角；骨有牛骨、鹰骨、骆驼骨等。小哨的材料是多种的，哨筒的材料除了竹、木以外，果壳里有白果壳、莲子壳也以独特的魅力出现在鸽哨的组合当中。因为，材料的多样让鸽哨在组合的搭配上也多种多样。比如，恢复后的象牙大口上配上两个檀木的门崽，像葫芦哨的前脸上嵌缀上了两只圆圆眼睛，顽皮逗人。葫芦周围的小响群们，材料使用莲子壳做哨筒，而哨盖口也许会用透明漂亮的牛角配上檀木制作的大口，剔透晶莹像一件珠宝令人惊叹。有人会问，这样名贵的哨子会发出声音吗？会，肯定会。鸽哨的制作目的第一是发出好听的声音，第二才是文玩的收藏。但是，鸽哨已经做到了如此精美的纯手工制作的艺术品的程度，估计买主也绝对舍不得真让鸽子佩戴了。

据永字鸽哨第四代传承人何永江介绍，如果能够实现把永字鸽哨所有制作技艺真正恢复的话，那么永字鸽哨系列作品会达到上百种。这个梦想能够成真吗？我们拭目以待。

三、百闻不如一见

前面提到葫芦类有大葫芦（七厘米以下）、中葫芦（五至六厘米）、小葫芦（三至四厘米）之分。要是把它们分成三个家族的话，那便是大葫芦有大葫芦家族，中葫芦有中葫芦家族，小葫芦有小葫芦家族。

三个葫芦的家族成员不同，大小不同，模样不同，一点注意：分量，每个家族却要基本相同。要不，鸽子们还会接受吗?

说到这，忘记说鸽哨材料的重要部分。葫芦类的葫芦是用压腰葫芦的下半部分。上半部分是给星眼类准备的。可见，老祖宗们的智慧和勤俭，一点也不糟蹋东西。晚生后辈们应该学习，从一点一滴做起，节约资源。

截口分为小截口、中截口、大截口、双截口、众星捧月、截口捧月。

永字第一代老永的葫芦类鸽哨代表作有八音截口大葫芦；第二代传人小永的葫芦类鸽哨代表作有三腔双截口大葫芦。它们之所以在鸽哨界享有盛名，可以确定的是，在制作工艺上是下了功夫的。整料好做，拼接难缝。这里截口不是缝，而是粘接。本来要把葫芦截开就已经很难了，还要在截口当中加一片档，一片档就很难还原成原状。在此基础上，还要加两片档，截成三腔，多出二片档还能还原成原来的葫芦的形状吗?在制作工艺里专门有介绍，可有一点，制作出来的作品，模样不能改变，分量不能增加，音色要好，音高要准，这可难为了几代的永字鸽哨传人。因为，老永、小永创作出了八音截口大葫芦、三腔双截口大葫芦，在当时，连他们自己都不能保证超薄、超轻，何况后面几代传人是从口口相传学来的，有多难，听听他们的诉说看看作废的材料就了解了。

下面简单介绍几种。

（一）众星捧月

大口，大口前脸上两个小崽，也叫抱崽。主体葫芦一般用压腰葫芦

◎ 众星捧月 ◎

下半部分。大口代表月亮，截口两边代表月牙。大口周围十个小响，加上大口上面两个小崽，共十二个响，代表十二个月。外围十个响围绕着大响。

（二）八仙捧月

压腰葫芦下半部分作主体，大口上有两个小崽，大口周围由六个小响围绕，也称捧着，称为八仙捧月，由八仙赏月而得名。

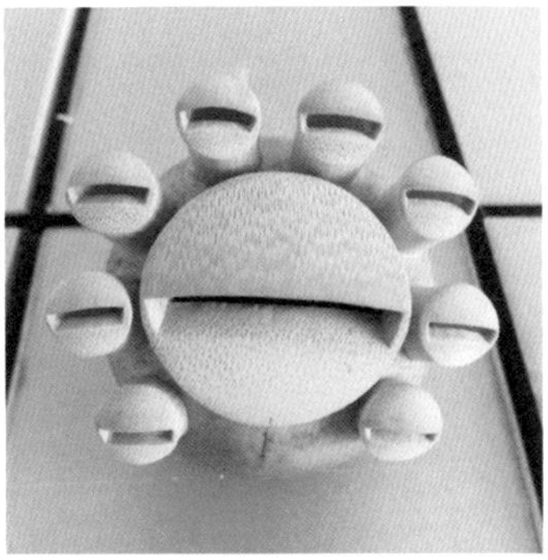

◎ 八仙捧月 ◎

（三）众星截口捧月

永字鸽哨的技艺上乘。其作品在民间享有盛名。因为永字鸽哨是大截口，不同于上述大截口，而是把主体葫芦上下截开，把葫芦分为两半，中间用材料隔开，再合为一主体葫芦为大截口，使之大口变为两响四半，看着是大口变为四半，但在葫芦主体内是两音，也叫

◎ 众星截口捧月 ◎

双腔。叫了双腔就要发出两个音儿。老永和小永的截口捧月是五个音儿，为12356。到了第三代王永富的截口葫芦发出的音儿竟然达到了最高境界。传说中的他的八音截口大葫芦是对着胡琴一个一个对的音儿，鸽哨由于“文革”期间所有的哨被毁，所以现在已无法考证。永字鸽哨第四代传承人何永江正在努力恢复之中，而那音律终是不如从前，所以，何永江虽然制作出了八音截口大葫芦，终是不敢将自己这一代的八音截口大葫芦代表永字鸽哨。如同音乐的旋律，发低的响声是八音大葫芦，包括众星捧月、截口众星捧月、三腔双截口葫芦、子母葫芦。

截口众星捧月，三腔双截口葫芦是葫芦类鸽哨里比较难的工艺。首先，要把葫芦上下截开，大家都知道，葫芦已经被剥得纸一样薄，用半成品葫芦冲着强光处，葫芦腔内都能透亮，这才能让葫芦身上背上小响，分量轻重合适。否则，葫芦自身不可能个头、大小、分量都一致。所以，在完成后要求分量对于鸽子佩戴合适不合适非常重要。要不怎么是一哨一样，一哨一分量的说法是有要求尺度。鸽主们爱惜鸽子可以说比金钱重要，他们不会为一把名哨让自己的优种鸽因过力而受伤。截开的葫芦，俗称大开膛，没点儿功夫是无法隔成腔室再成个儿的。鸽哨手艺人清楚，葫芦半开膛好对粘，大开腔容易让葫芦变形或者切品无法对粘。鸽哨手艺人更明白，大开腔了，中间还要隔成腔室加隔档。磨对接口要考验制作人的手艺精湛不精湛。

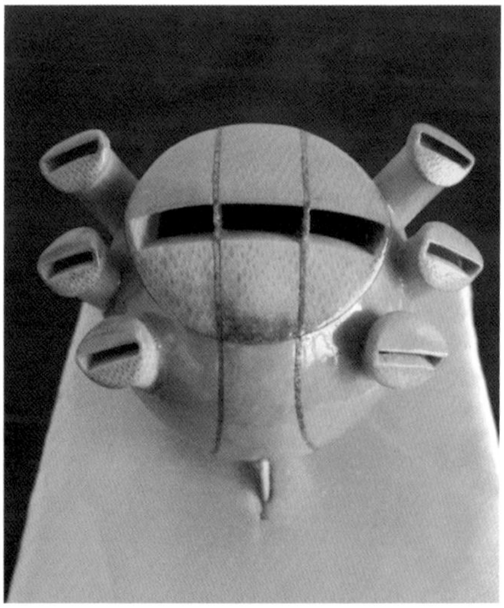
◎ 三腔双截口葫芦 ◎

何永江这一代延承了三腔双截口葫芦，比上几代模样、分量更加轻巧、上乘，让观赏者大饱眼福，也为精湛的做工赞叹。

客观的角度来说，从永字鸽哨仅存有几把来看，老辈子的制作工艺，不论从模样、分量、种类、特征，都比较简单。实际上从传承的角度看，一代比一代越来越好，花样逐渐多了，做工逐渐更加巧妙。据第四代传承人何永江回忆，仅存的这几把永字鸽哨是最简单的几种，而技艺复杂的鸽哨至今尚未恢复。因为没有样品，只能艰难地通过回忆，一点一点探索着恢复。比如，其他门派没有的三腔双截口葫芦修复成功，但音色却不及上几代好听。如果鸽哨手艺人在制作当中学一种乐器来对音色，估计可能会好很多，但这种可能性又不大，为什么？因为本来就走向衰落的鸽哨制作技艺，有钱的人不会学，而平民百姓干这一行，糊口都难，更甭说学乐器了。但是，这鸽哨制作技艺却是经典中的经典，经过手工制作出的作品都在市场上得到赞许和惊叹。原来，一直以来空中那好听的声音是这些老玩意儿发出来的，这美好的享受让人们久久难忘。

老北京人都能回想起，每日清晨，在灿烂的阳光下，从某一个小院里飞出的一盘或几盘鸽子，随后，其他的小院里也接连飞出鸽子，它们融入天空中，已经说不上来有多少盘了，簌簌风中响起阵阵乐声，或远或近，或高或低。

◎ 天棚 ◎

◎ 石榴树 ◎

第四节

星眼类与星排类鸽哨

一、星眼类鸽哨

七星、九星、十一眼、十三眼、十五、十七至三十一眼是简称，都属于星眼类。

星眼类鸽哨，实际上是有单独的星类和眼类，也有组合的星眼类。

星类是由葫芦的上半部分横躺做主体，前抱大崽，后背大崽。有人问，能不能归为葫芦类呢？不能！葫芦类是葫芦下半部分做主体，周围圈围小响，和星类在形状上有根本的区别。看照片和白线图示意就明白了。

眼类是由葫芦的上半部分做主体，葫芦的上半部不能如葫芦类鸽哨那样立着，而是平躺。眼类的小响高矮、模样、排列都和葫芦类不一样。一对一对的筒类小响按照鸽哨手艺人的创意，在平躺的上半截葫芦两边排列。

星类的小响同葫芦类的材料大致相同，竹、瓢、木、牙口、角都可以用。

眼类的小响不但同葫芦类的材料相同，在竹、瓢、木、牙口、角的基础上，外加苇，更加多样。

不知什么时候起民间开始将七星、九星俗称“地主背儿子”，因为它们外形像长着个大肚儿。百姓人家都盼着过好日子，能吃饱穿暖，大腹便便就象征着过上了好日子。于是，不论是穷的、富的主儿都会在鸽子市张罗着买个“地主背儿子”的鸽哨，为的是图个吉利。

以上是星类和眼类对比着说，下面归总说星眼类。

星眼类鸽哨的特点就是多，多到什么程度，咱就数一数吧！

星眼类鸽哨中的十一眼、十三眼、十五眼、十七眼、十九眼、二十一眼，这些都是鸽子可以戴的、比较普遍的。而二十三眼、二十五

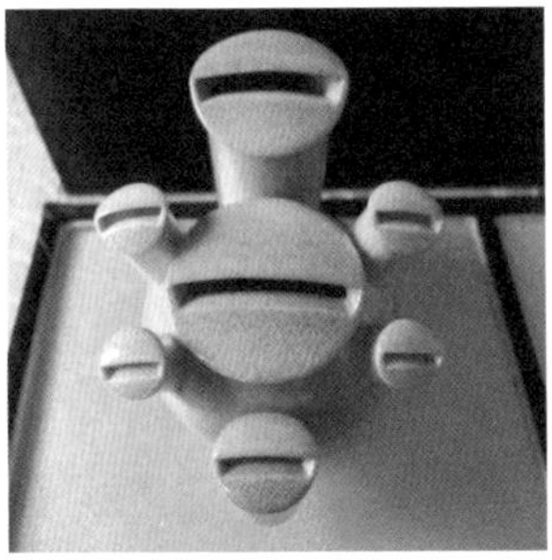

◎ 七星 ◎

◎ 九星 ◎

眼、二十九眼、三十一眼、三十三眼、三十五眼，甚至更多的这些星眼类鸽哨就更多的是观赏价值了，这就是星眼类鸽哨独特的地方。

星眼类，在葫芦身上排列，高矮、粗细、远近不同小响，让星眼类只要能在空中拉风，就会发出美妙的声音。

二、星排类鸽哨

星排类鸽哨的种类有五星五子、二排十六子、三排九子、三排十二子、三排十五子。

星排类鸽哨的特殊性是，星是小葫芦，而排却是小筒哨，而这小筒哨却与有把小葫芦镶在筒哨的顶端的。材料的多元化，使星排类鸽哨千变万化，这是由鸽哨手艺人的创新来掌握的。而这种千变万化让喜爱鸽哨的人们瞠目结舌。

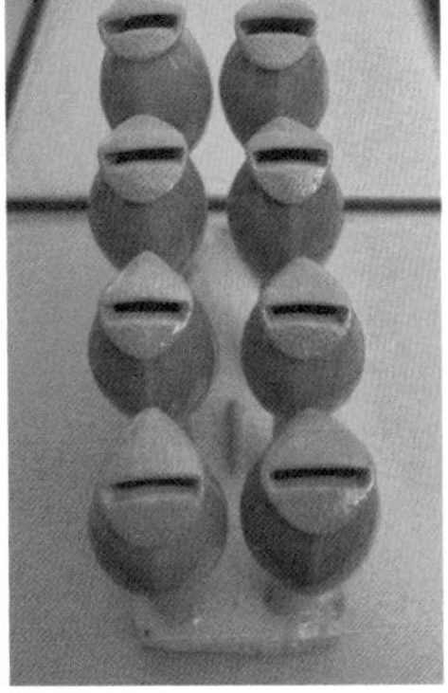

◎ 双排八子 ◎

◎ 三排十五子 ◎

第六章 价值

第一节 永字鸽哨的历史价值

第二节 鸽哨的艺术价值

第一节

永字鸽哨的历史价值

当古老的京城上空响起鸽哨的声音时，大家都会被那美妙的声音吸引，嗡嗡嘟嘟，嘟嘟嗡嗡，流动的音乐旋律，余音袅袅，令人流连忘返。

北京的永字鸽哨，从1830年左右第一代老永开始兴起，已有快200年的历史。现在回看，当初的永字鸽哨只是一把稚嫩的声音，单调而吵闹，始出是二筒，直至后来，发展成为收藏品。永字鸽哨，浓厚的京味底蕴，悠长的历史文化，把人们的期盼和梦想放飞到空中，把吉祥和幸福撒向人间。

《都门豢鸽记》有一节专写“系鸽之铃”，将制作鸽哨所需材料、制作门派及各种鸽哨的制作方法一一道来。当年北京做鸽哨的名家都要在做好的鸽哨上刻上印记，如“惠”“永”“铭”“忠”等。其中有：“署‘永’字者，亦旗籍，为道咸时人。”

如果没有政府对非遗保护工作的支持，没有领导对非遗传承人的关怀，没有国家灿烂的文化历史，北京的永字鸽哨何谈今日的辉煌。

“五音、五行、五色”，使得北京的永字鸽哨在声音、外形和技巧等方面成为同行中的佼佼者。

一直以来，京城的百姓视鸽哨为一种玩具，其实鸽哨远不止如此。在鸽哨制作过程中，制作者们将音乐常识融入其中。随着制作技艺的不断提高，竟然达到了不同种类的鸽哨的配合，在空中会发出不同的音乐，就像一首首的曲子由不同的鸽子和鸽哨在空中谱成。

五音是古代的汉族音律。依次为宫、商、角、徵、羽，也就是后来的12356。

永字鸽哨的老永、小永在制作鸽哨时在五音方面的研究成果目前没有书面记载，只有永字鸽哨第四代传承人何永江记得，王世襄、吴子通、王永富在一起喝酒、切磋鸽哨的五音时，经常争吵得脸红脖子粗，因为鸽哨的响越来越多，竟连自个儿都摸不着头儿。

王世襄先生当时已是收藏家，对鸽哨的鉴赏颇有见地，还爱较真儿。王世襄对制作技艺不精通，他每每将吴子通的鸿字鸽哨声音和王永富的永字鸽哨声音作比较，靠听来给鸽哨的音质打分。王世襄虽不懂制作技艺，但对鸽哨的声音效果要求却极高，在声音把关这点的严格要求使吴子通和王永富感到压力太大，时时地不服气，却又一一被王世襄褒贬得没了脾气。那时王世襄常说的一句话就是："劳心者治人，劳力者治于人。"

三个性格迥异，文化背景不同的老前辈在一起，往往非争个高低出来。可有一点，这老三位，为了北京鸽哨，为了北京鸽哨的传承，为了老祖宗留下的那点儿玩意儿，风风雨雨的，谁也离不开谁地走了一辈子。

说到鸽哨五音的传承，永字鸽哨第三代王永富原来有几页资料，别看王永富的个性不招人待见，性格桀骜但他写得一手好小楷，也就是这手蝇头小楷，让王永富记录下了他呕心沥血的永字鸽哨制作技艺的流程，满满的几页纸，密密麻麻，详细而全面。

但这些珍贵的文字资料连同几十把模子哨子，在"文革"期间全都没了。

口口相传，这是许多传统制作技艺的传承方式。拿手的绝招，记在心里，记在脑子里，谁也无法改变，谁也不能掠夺去。技术是制作人的饭碗，一个道理，最明白，把老祖宗留下来的活干好，就有了生活的保障。要在世上立足，要求手艺人们要把手里的活做得独特，让大家喜欢，这样才能保证生计不败，才能传给后人。适者生存。被大家看到的只是出了名的几家或是有名的那几位大师，而在此之前，默默坚持下来的手艺人们会经历怎样的冷落和贫困，又有谁知道呢?

五音，在鸽哨制作中起着决定效果的作用。王永富在带徒弟何永江时，口述了不少关于鸽哨如何发出五音的制作技艺的秘诀。鸽哨的制作中也讲究音高，要想让鸽哨的声音好听，就必须懂得音高。在老永那个时代，八音截口大葫芦已经诞生，但没有那么成熟，在之后的小永，再到后来的王永富不断地钻研中，使永字鸽哨的八音截口大葫芦终于发出了高低不同的五个音。

一把小小的鸽哨，在空中发出美妙动听的音乐，是鸽哨制作人在创作中朝思暮想的梦想。

二筒是由两个筒哨组成，按照规矩说，前是宫后是商，就是前是1，后是2。筒哨的高矮、粗细、薄厚、哨口的大小，直接控制鸽哨的音高、音色。随着鸽子飞翔的姿势的变换，1和2高低不同地发出音响，悦耳清脆，悠远嘹亮。

随着鸽哨制作技艺的精进，发展出了葫芦哨。当初老永的二筒抱崽时就有了三四个音，众星捧月又有了十多个音，当然，八音截口大葫芦的音也不少。而到了小永，三腔双截口葫芦更加绝妙，发展到了多个音。要想做到高高低低的多个音，葫芦类除了主体的小响要做到对称，粗细、高矮和分量也得均衡，对制作人的技艺要求也越来越高。

本身，在制作二筒的时候，要求前后两个音就有分辨。在葫芦上做有数的小响也就和做小筒的道理一样，小响在星类、眼类上也基本上道理一样。虽说，制作技艺里首先要求是品相，但在声音的效果上如果出现了闷音、劈音也会让品相好的作品大打折扣。对于制作者来说，也会备受打击。

随着人们生活水平的日益提高，对文化的追求也越来越高，那些经典的非物质文化遗产又重新受到人们的关注。

北京的永字鸽哨的重新出现又引起了行业内和鸽哨爱好者的关注。当鸽哨爱好者们重新看到沉寂了几十年的永字鸽哨时，他们百感交集。一是喜，喜的是国家将北京鸽哨作为非遗项目保护起来；二是奇，永字鸽哨毕竟几十年石沉大海；三是恨，恨那些不珍惜历史的人毁掉了永字鸽哨的珍品；四就是爱，这是最重要的，爱老北京，爱老祖宗们留下的这些文化。

既然是国家认定非遗项目，就要将传承工作做好了，这也是永字鸽哨传人的本分。

有一个行里的谜底要在这里揭开。

关于五音在永字鸽哨里音准的问题，这是行里多少代、多少年无法解开的谜。

别认为鸽哨制作艺人是名家了，就能把五音12356都能准确地刻在鸽哨上面，别忘了，鸽哨是一种玩物，并不是真正的乐器。不像笛子，也不像口琴，制作者确定音符的位置。鸽哨的音符是鸽子哨全部完成后，在空中拉风时才能试出来的。鸽哨制作技艺传承下来鸽哨的五个音，但却不能确定哪类哨子或哪把哨子的哪一个响要它发什么音就发什么音。只有二筒，在经过三位老先生苦苦钻研几十年后，才定下了宫和商的位置。至于356，有待后人的能耐了。历史以来，说到鸽哨的五音，是指传承下来能够把五音让鸽哨在空中发挥出来，一直有对音，这是鸽哨名家们让鸽子们戴上六把哨子或几把哨子在空中拉风，那些音乐在空中响起来的时候，鸽哨制作者闭眼聆听，他们非常高明，可以听出哪只鸽子戴的哪把哨子的哪个响是五音中的12356中的哪个音符，也就是哪只鸽子戴的哪把哨子的哪个响是1、哪个响是2、哪个响是3、哪个响是5、哪个响是6，而且哪把哨子1的高音多，哪把哨子1的低音多，都是分辨出来的。

以鸽哨制作者的技艺，尤其是永字门，他们把几把高低音协调的哨子组成一套、一樘，这样的五音和谐的音响合奏，这样美妙的曲子在空中怎会不博得人们的赞美呢?

五音的鸽哨制作技艺，永字传承人还在不断地努力着!

北京的永字鸽哨之所以有名，是有它的原因的。永字鸽哨除了注重鸽哨本身精美、细致的品相，更注重的是鸽哨的声音，说白了，鸽哨最初是拿来听的，后来才是拿来看的。永字鸽哨的每一位传人，为了将鸽哨做到完美的那种钻研精神，每一点每一滴都是真诚的，老天做证!

在古代，五行是指金、木、水、火、土五种物质。北京的永字鸽哨前人，大胆地用五种颜色的哨子来代表古代的五行。

这五种颜色是黄、红、本、黑、紫。

永字鸽哨用五种颜色代表五行，有它的说法。关于永字鸽哨的五种颜色的哨子寓意五行，后来人查找了许多书籍来证明。

黄色的鸽哨代表“金”。“黄”也是“皇”的谐音，皇城的金黄色，让皇城威严、庄重、至高无上。

红色的鸽哨代表“火”。“红”象征喜庆、顺利、成功、受人尊重。寓意着将老北京的文化传遍整个中华大地。

本色的鸽哨代表“木”。在鸽哨中木色（shǎi），不是普通的颜色了。本色鸽哨在创作工艺上最难做，得一对本色鸽哨已是难得，得一套或一樘，那更是太幸运了。

黑色的鸽哨代表“水”。很奇怪吧。民间人们的说法不一，而真正问谁能说得出原因？没有。老祖宗们这是玩弯弯绕，还是玩深沉，咱还真不好说。权当是老祖宗们的才智所在吧。

紫色的鸽哨代表“土”。土，在人类心中非常珍贵，人类离不开土地，万物离不开土地，而且土在平民百姓的观念里极为重要，五色代表五行就是这么来的。解读不清，只好问老祖宗了。

八音的概念。古代里八音是指：金、石、土、革、丝、木、匏、竹，八种材质制成的乐器。鸽哨中的八音是指鸽哨有八个音符吗？错。

永字鸽哨的八音截口大葫芦的材料是木、匏、竹，除三种之外，还有苇、骨、角、牙等多种材料。怎么说八音截口是八音都不是错，即便借用木、匏、竹之外的其他种类材质做其他种类的鸽哨，是八音材质就称八音鸽哨也不错。不信，看看今天永字鸽哨第四代传承人的作品和制作技艺您一准心服口服，推翻八音是八个音符的鸽哨的错误概念吧！

还是得说说什么是匏。匏是一种一年生草本植物果实，比葫芦大，对剖开可做水瓢。字典里的解释让人们对瓢有了认识，鸽哨中的瓢是匏，被百姓叫久了，就成了谐音瓢。匏可是制作鸽哨不可缺少的材料，制作五大类哪一种都用得上。

随着旧城的改造，养鸽子的人越来越少，鸽哨的声音在城区逐渐消失。为了传承北京鸽哨这一古都文化，为了留下鸽哨制作技艺，恢复鸽哨原有的作品虽然很难，但鸽哨制作者仍坚持着。五色的鸽哨，重新给了人们一种精神上的享受，一种视觉上的享受，这也承载着老北京百姓一生的记忆，承载着老北京百姓一生的时光。

无论是五音、五行还是五色，老祖宗们将质朴又真诚的智慧全部融入了这小小的鸽哨中，它不仅集合了历代鸽哨手艺人的个人才智，也凝结了古老中国的文化内涵。

◎ 五音·五行·五色鸽哨 ◎

◎ 何永江与音乐老师讨论鸽哨五音 ◎

第二节
鸽哨的艺术价值

橘子皮鸽哨制作。

◎ 橘子皮鸽哨 ◎

第一步，选用高桩橘子，高桩橘子是那些圆底、圆形、皮厚些的小个儿橘子。现在的沙糖橘比较合适。为什么要选圆球状、皮厚的呢？因为鸽哨本身就是葫芦圆形，上端截口处如果扁平，那么盖会很大，影响鸽哨的音色。如果橘子的底扁平也不好，圆形尖底的哨底才会拉风顺利。虽说是收藏类，但做出要真，不能因为选材砸了自己的手艺。橘子模样好，皮薄却不能用。能用的橘子本身就个小，风干后的橘皮会变得更薄，如果没有经过特殊处理，用手轻轻一捏就会粉碎，更甭说做鸽哨的材料了。

第二步，选好的橘子根据做哨的需要，在顶端平切一块下来，这个切口要为哨盖的顶端留有弧度，因为哨盖的切品要留有哨的形状。切口做好后，就该掏橘子瓤了，也就是橘子皮里的果瓣。在掏瓤的时候，千万注意别把切口碰坏。行话，别让切口撇了喽！橘子瓤对于制作人来说，很头疼。尤其是有籽的橘子，大家都知道，橘子瓣有纤维，整个橘子瓣都大于小小的切口，还不能下手过重，下手重会将软橘子皮掏个洞，下手轻了，橘子瓣又很难分开。行里人会特制一把类似耳挖勺模样的小掏刀，一点一点地往外舀。往往一个能用的橘子掏出来得费上好几个橘子，制作人会苦笑道："今儿，没少吃！"那其实是说，没有掏出几个能用的橘子。老辈子那会儿，橘子皮的鸽哨儿和荔枝壳的鸽哨为啥那么珍贵，一是这两种稀罕物儿从南方运来不容易，不是不新鲜了，就是压得变了形，不能用。二是贵呀！

第三步，风干。

对于不喜好鸽哨的人来说，制作果壳类的鸽哨就是吃饱了闲的、撑的。软塌塌的橘子皮如果新鲜的话，还能硬撑几天，几天后，橘子皮就会抽巴变样。经过几代人的琢磨，想出了灌进沙土和炉灰吸干水分，保持不变形的办法。炉灰比沙土要效果好，因炉灰吸水功能比沙土好，橘子皮会干得快些。新鲜的橘子皮灌进炉灰或沙土后，自然风干大概要经过一个冬天，屋里还要暖和。当然，现在烘干的技术先进，时间也快，但是后来证明没有自然风干的橘子皮在制作鸽哨时顺手好用。

第四步，抗潮。

风干后的橘子皮不是很听话，看外表，除了颜色深了些，其他还是老样子。秋季的收藏给了人类材料的供给，冬季的低温让娇嫩的橘子皮不会腐朽。屋里温度的不断变化是橘子皮风干的适合条件。橘子皮听话又不听话，风干后的橘子皮存放起来非常困难。透风的部分都完好如初，稍不小心，几天后的橘子皮，你会发现，着地的部分霉变或者变软了，用手轻轻一点，橘子皮已经悄悄地烂了。怎样才能完成橘子皮的抗潮，变成了几代人的难题。先是用颜色和桐油里外涮，不同于刷，手心大的橘子皮没有办法刷，只有轻拿轻放地在没过橘子皮的漆浆里泡上一泡，然后迅速地捞出来，再风干。涮漆的橘子皮要适时地翻动，漆浆是流动的，流动的漆浆几分钟后就会让橘子皮上堆积皱褶，那会儿，哭都来不及了，甚是难看。

◎ 荔枝壳鸽哨 ◎

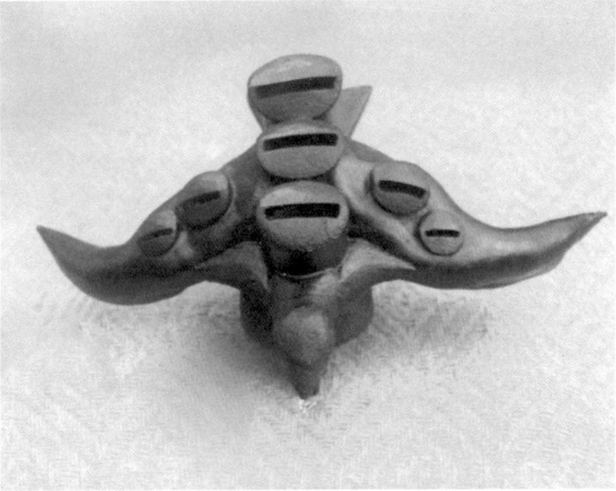

◎ 菱角壳鸽哨 ◎

中国的非遗从远古走来，祖先们用他们的智慧和技艺创造了历史，北京鸽哨的永字鸽哨沿袭了传统文化，制作了一些寓意、象形的永字鸽哨。

北京从古燕国起开始了历经3000年的建城历史和800多年的建都史。辽、金、元、明、清历经五个朝代，先后在北京建都，将北方少数民族的草原文化、狩猎文化带入中原，同汉族农耕文化、儒家文化在冲突中进行融合，形成了北京多民族文化相互包容的重要特征。

北京是温带大陆性气候，春夏秋冬四季分明，于是有了永字鸽哨的二十四节气，分别为：立春、雨水、惊蛰、春分、清明、谷雨、立夏、小满 、芒种、夏至、小暑、大暑、立秋、处暑、白露、秋分、寒露、霜降、立冬、小雪、大雪、冬至、小寒、大寒。

◎ 二十四节气 ◎

有一句显摆北京京城地位的老话，叫“五坛八庙十三仓”。所谓五坛八庙，五坛是指天坛、地坛、日坛、月坛、先农坛。八庙是指太庙、奉先殿、传心殿、寿皇殿、雍和宫、堂子、文庙、历代帝王庙。在清代，从通州经过通惠河五闸运来的漕粮，会被分配到分布在东直门、朝阳门内外的京师十三仓贮存，京师十三仓分别为：海运仓、北新仓、

◎ 八庙 ◎

◎ 十三仓 ◎

南新仓、旧太仓、兴平仓、富新仓、禄米仓、万安仓、太平仓、裕丰仓、储济仓、本裕仓和丰益仓。所以在永字鸽哨就有了“五坛八庙”和“十三仓”作品。

在说北京的格局时，老北京人爱说北京是三头六臂哪吒城，为了凸显永字鸽哨是老北京的玩意儿，所以永字鸽哨里有“三头六臂哪吒城”这件作品。

◎ 三头六臂哪吒城 ◎

永字鸽哨中还有三十六响，代表的是一年三百六十五天；八响二筒，寓意为四世同堂；二筒，又叫小闹子，像打打闹闹的小两口，打打闹闹地幸福过一辈子。

◎ 三十六响 ◎

◎ 八响二筒 ◎

◎ 二筒 ◎

第七章 传承就该这样

第一节

老规矩

当人们看到北京鸽哨的作品，了解北京鸽哨制作技艺的时候，会为中国厚重的传统文化底蕴、老北京手艺人们的聪明才智而骄傲、而自豪。北京鸽哨门派众多，但每一门派都不失其独特风范，这与每一门派的门风、门规的传承是密不可分的。

门风、门规是每个门派的脸面。严谨的门规会让门风纯净，门规严不严、门风正不正也是门派能不能延续下去的保证。艺随人走，人要是不正，艺也无法传承下去。

永字鸽哨的门规，虽然没有白纸黑字记在纸上的文字，但约定俗成的口口相传的规矩，对每一位传人来说就像祖训一样不能违背。

那咱们来看看永字鸽哨的传承吧！

一、带徒

（一）永字传承不能变

但凡是承接了永字门的手艺，鸽哨的底款“永”字不能变。

（二）姓氏不能作为款字

永字门从老永那一代开始，老永、小永（老永之子）姓甚名谁已不知，他们只是用“永”字的号镌刻在哨底，更不能为出名把姓氏刻在作品上。也正是因为如此，永字后人查阅所有资料也未能寻出老永是谁，小永是谁，只能像旧时、像老街坊、老胡同里的叫法那样，老永、小永这么叫着。也没人知道这会不会是胡同里三儿、四儿那么随俗的叫法呢?

这一点，在剜哨行当里也是一个老规矩。在永字门里，如果有人这么做，甭管你有多么好的技艺，都是要被逐出师门的，永远不能在行业里提“永”字。

（三）家传无数，传承有序

为了不让祖宗留下来的手艺失传，老一辈儿会硬性要求后辈必须接下这门手艺，这就是家传。因为不喜欢或吃不了这份苦，手艺人们的家中儿孙们离家出走的不少。所以家传人数越多越好，没有人数的限制，就像百姓们常说：谁知道哪块云彩有雨呢？也就是说，即使是让儿孙们都接这门手艺，能不能把这门手艺传承下来也还是个未知数。

◎ 家传、永字第四代与第五代 ◎

◎ 家传，永字鸽哨第四代与第五代、第六代 ◎

（四）师传有序，只传一人

师传要看缘分。在某一个时候，在某一个门派需要传承的时候，恰恰有传人出现这是不可强求的事。何况这传手艺可不是简单的事。也许，学习了几十年也未必在行里、业里、圈里成事或者出名，这就需要一个人的韧性和耐力。而有了必胜的信心时，师父还未必看得上你。因为缘分像一座大山挡在眼前，师父看上眼才能接受你，否则的话，规矩横在路上，您是无论如何也无法认师，师门的规矩就是这么残酷。

◎ 师传，永字第四代与第五代 ◎

（五）年龄也有要求

许多制作技艺收徒，年龄上都有考虑。年龄的差距和辈分的恰当非常重要，师和徒年龄至少要差二十岁，也就是一辈人的差距。中华的美德、传统，百姓中都有言传，人要有老少、大小、男女、强弱之分，也就是说，老要有尊，小要有孝。不是说一日为师，终身为父吗？徒弟们一定要尊重长辈。

二、字号

（一）每一代字款都有规矩

（二）永字鸽哨在哨底刻字款有讲究

（三）永字署名有特点

永字有自己的传承，字款使永字的传承脉络更加清晰。

永字门规在字款传承有言训。

永字鸽哨，自从老永那一代，哨底就有刻字号这一说。《京华忆往》这样记录永字鸽哨的字号“（老永）、（小永）字款，（老永）、（小永）虽同刻（永）字，但笔画却有不同”。《京华忆往》中也说到永字鸽哨第三代永字与上两代署名刻字有改变，头一点长圆，末端顿。每一笔画线条粗壮，字体短粗，最后一笔，捺要拉到笔端直顿，使“永”字显得强犟有力。

（四）严守脉络，传承有序

因永字第三代王永富生前对第四代、第五代、第六代的字形都有交代，这也许是“老永”“小永”在脉络上有规矩。今后，永字鸽哨哨底字款也会传承有序地按照书中的言训行走。

（五）永字鸽哨第四代，永字字形三分四方，三分是老辈子木匠尺三分，现为一厘米

三分代表上有三代制作人，四方代表已传到第四代，整体笔画形状相同，只是在最后一捺有微小变化，捺直接拉写没有顿。

（六）按照门训，永字鸽哨六代哨底款字一循环

第六代鸽哨底款字形，返回第一代的镌刻，说明一下，永字鸽哨第四代传承人何永江肩负着永字鸽哨的传承重任，往下传至五代、六代的款底。何永江已从师父王永富接受秘传，以后的非遗展示时，家传和外传的作品就会有揭晓。

（七）为了传承不能没有规矩

着重提到永字字款，是为了永字鸽哨制作技艺传承的纯净。一个非遗项目的单纯、厚重、本真，是历史的长久考验，是在几代百姓心中的分量，让百姓认可才是一个非遗项目能够传承下来的基础。

（八）纯传统让永字更加纯净

永字鸽哨往上几辈来看，上三代都是家传，虽说小永时期有吴子通是外传，毕竟是没有公开奉明的，而且吴子通最终另立门户“鸿”字。只有到了永字第四代何永江，是第三代王永富带出来的外姓徒弟。年龄

相当、辈分相当、知根知底，应了传承端正老实这一说。和王永富学习的人不少，但学出来的只有何永江一人，而且，王永富只承认何永江一人是永字第四代传承人，家传那方面根本没有后代再有传承的说法。

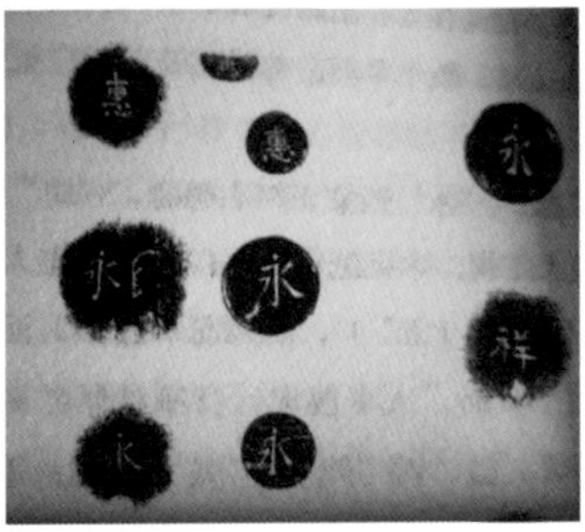

◎ 永字鸽哨落款 ◎

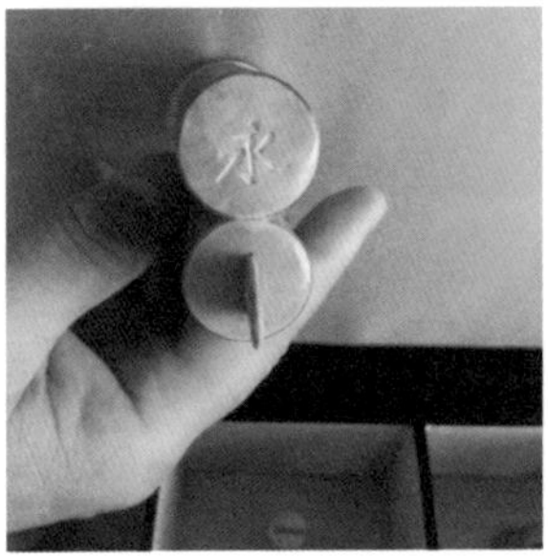

◎ 四代永字鸽哨落款 ◎

三、制法

（一）纯手工制作是永字鸽哨的根本

俗话说：教会徒弟，饿死师父。这句话其实只是在旧时适用，在现在这个时代，如何把国家的这些老的制作技艺传承给后人才是最重要的。可新的问题接踵而来，纯手工制作技艺，费力不挣钱。掌握传统手工艺的工匠，让掌握高科技机械的年轻人不怎么看上眼儿。虽然说是绝技，但是这个时候追求的不再是铁杵磨成针，十年磨一剑精工细作。在科技发达的今天，也许用机械也能够实现大批量的生产。而为什么国家要将这些手工制作技艺作为非物质文化遗产保护起来？因为，非物质文化遗产保留下来的制作技艺，那是老祖宗留下来的财富，内容、过程、作品的表达，意义不可替代，神韵不可复得，千年流传下来的文化，早已融化在制作技艺的流程里，取于大自然，融于大自然。

（二）纯天然的制作材料

比如，材料经过自然的风吹日晒，酷暑严寒，解筋防裂防变形防开裂，工具全部是手工工具。粘、上漆都是天然材料，容易分解，不会制造不可分解的垃圾。比如，染料（红、白土子）、猪膘等。

（三）制作步骤，别具一格

永字鸽哨的制作步骤，比起其他门派来，既巧做又简便，可有一点，基本功的要求是一套程序动作。基本功扎实了才能得心应手地剜成套的哨子。一个学徒如果从剜二筒开始学习，一百多根竹子剜下来，差不多就能上手了。

（四）工具的使用，也要有规矩

俗话说，像不像三分样。永字鸽哨使用工具是有严格的规矩的。先说说刀具，刀具使用刀尖不能冲外，一般学做或制作工作台对面都要有人观看，刀尖冲着对方，这样不可。如果非要有人围观，躲不开，那就斜放刀具。鸽哨手艺人同样忌讳刀尖冲着自己。手锤的使用也有讲究，不用的时候，要放到工具台下面或工具箱里，使用时，每锤一下后，锤头冲上，锤把头立放腿上，有师传的工匠大都习惯了这些师父的严教。

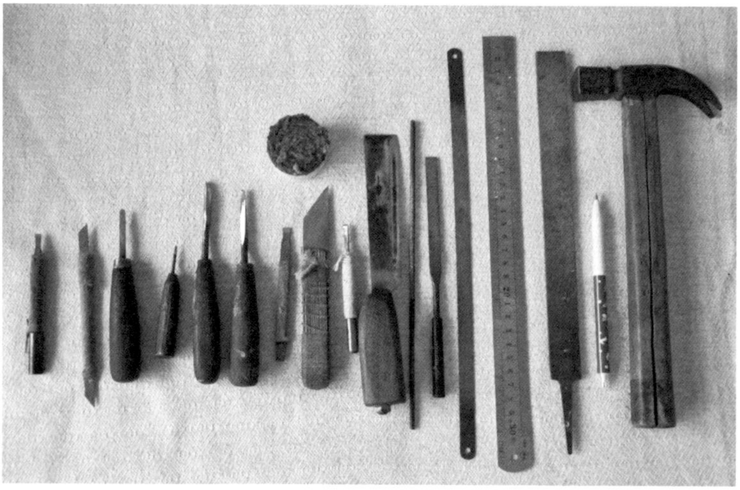

◎ 刀具摆放 ◎

（五）制作要有步骤，要有规矩

师傅关系确定后，制作的过程也要遵守。在掌握所有传承的技艺后，才能在师父的同意后加以改革，否则的话，无论你有多少个理由，如果不遵从门派的制作技艺步骤的话，都会有被逐出师门的可能。传统的制作技艺坚持着，遵守着，而这上百年的独门制作技艺是不是这样延续下来的，只有等历史来验证。永字鸽哨是由师父制作，徒弟在一旁看，师父边做边教，徒弟要用心去学，师父把两三件作品完成后，就要

◎ 纯手工制作 ◎

求徒弟自己去琢磨、下手做。其实，这只是手艺的初级掌握，只是皮毛，选料、切、掏、剥、剜、磨、对、粘、上色等所需的纯传统、纯手工才是真正的功夫。要想达到纯、正、巧，不知徒弟要流多少血和汗才能学到，不知要干上几年才能拿得出手，也许要干上一辈子才能从每一步骤中得到真谛。因为，永字鸽哨的技艺可以说，包括了车、刀具的锋刃，老辈子是炉火打造，现在引进了车床磨、钳。磨制刀具中，每一个火花都是刀具韧度的关键，能不能用全凭眼力。老辈子靠的是炉火锻打，铆，铆的功夫是对缝的功力，如果磨对不成功，鸽哨是无法发出声音的。木匠的功夫，瓦匠的功夫也是鸽哨技艺中不能缺少的。榫卯、磨砖对缝，尺寸、薄厚、拉线、形的美观、轻重，这些都不外乎木匠、瓦匠的手艺。可以说会上十八般手艺的几种，才会很容易地学做鸽哨，也可以这么说，会做鸽哨在行里行外就能混出碗饭吃。“行行出状元”，永字鸽哨制作技艺被评为非遗项目不也是技艺中的状元吗？

四、上市

但凡鸽哨上市，是根据季节来的，也就是鸽子能不能佩戴，这个规矩很重要。鸽哨的成功第一要尊重手艺人的技术，因为好的手艺才能做出声音好听的鸽哨，才能被大家接受。第二，要尊重鸽子的习性，虽说，鸽子不会说话，但凡养鸽子、玩鸽子的人都会从平日里同鸽子朝夕相处上看懂鸽子、读懂鸽子、宠爱鸽子，鸽哨和鸽子合一，才是鸽哨存在的意义。这就是多少代传承下来的幸福交融。

第二节

疑问谁来解答

一、鸽哨究竟戴在哪？

先说说这歪的，鸽哨究竟戴在哪儿？如果问十个年轻人这个问题，九个半会肯定地说，这声音我听过，这哨戴在哪我也知道，一定是绑在腿上。鸽哨绑在腿上，那是信鸽送信用，鸽哨是鸽子飞翔在天空中发出来的音乐，那是戴在尾羽上的。正确地说，鸽哨是戴在鸽子尾羽上的。曾有记载，鸽哨的声音用于两军交战的发号施令，那大概是很遥远的年代，如今，根本用不上了。

为什么说鸽哨佩戴在鸽子的尾羽上而不是绑在腿上呢？人家养鸽子、玩鸽哨的行家会非常系统地讲解如何正确佩戴鸽哨。

首先，在鸽子尾羽中间选出四根，鸽子无论大小和品种，大致都是有十二根到十四根尾羽，有十六根尾羽的极少。把中间的四根尾羽分开缝，这个缝法，永字鸽哨是有自己门里的秘诀的。缝牢固后，哨尾插在中间的缝里，用铜环或铝环别好，最好不要用铁环，因为铁环会受到大自然磁场的干扰，影响鸽子辨别方向的能力。

老辈子戴鸽哨有缝两根尾羽的，现在鸽子个头比以前大了许多，哨子尺寸也加大了，所以为了防止尾羽盖住哨口，逐渐都从缝两根尾羽过渡到四根尾羽了，这也是为了固定鸽哨在拉风时口正、不歪斜，不损伤尾羽。这样缝四根尾羽还有一个好处就是，无论戴筒哨或其他种类的哨也不用换来换去地缝，要知道，手生的养鸽人在缝尾羽的时候可能会缝到鸽子的肉，或尾羽根部的血管，一旦出血就得停下，就得过一段时间再让其佩戴。戴鸽哨不要强求，否则会连根烂，也就是鸽子受病。而且，从端午节到中秋节这几个月里，正是鸽子脱毛、换毛的季节，没替换地戴哨会损伤鸽子的羽毛毛锥儿。换下新羽毛的鸽子戴哨一个是缝“哨尾儿”时损伤鸽子尾羽，也会让鸽子伤筋动骨地害病。值得注意的是，如果在冬季、春季两季让鸽子佩戴哨子，戴一段时间要放松一下，一定要拆掉缝的线，不要犯懒。因为长时间地缝尾羽，会影响鸽子的生长。再有，佩戴鸽哨的鸽子，在飞盘之后，要仔细观察鸽子的动态平稳不平稳、兴奋不兴奋、气喘不气喘，观察鸽子负重佩戴的哨子是否合适，以便调换。一般，一盘鸽子十二只，雄和雌各六只。飞盘的鸽子，在养鸽人心里明白，有卵的不戴，喂雏的不戴，也就是让雄鸽佩戴六把哨子，随自已意愿给雌鸽佩戴，进行鸽哨的搭配，或根据制哨人推荐搭配。可有一点，鸽哨不上天，一般效果都无法体会。比如，婉转低沉的，要搭配几把高亢、洪亮、悠远、清脆的，那么才会余音回味无穷。尖脆、音高的鸽哨，搭配几把浑厚和高低的中音回旋的鸽哨，那样，鸽哨在空中合奏起来的时候才优雅、荡气回肠。看者，拍手叫奇；听者，点头称妙。

◎ 鸽子戴哨 ◎

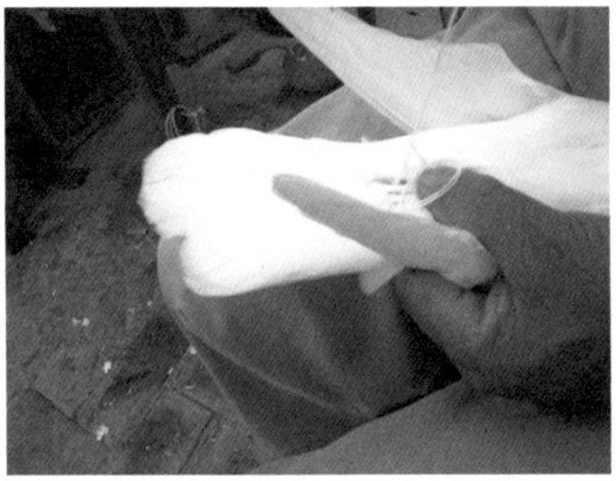

◎ 缝鸽子尾羽 ◎

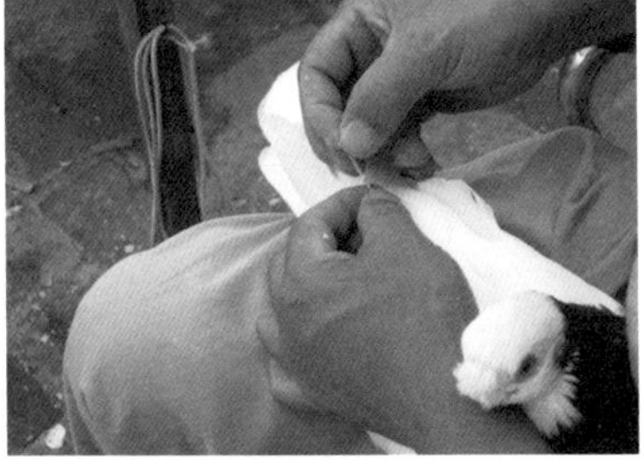

◎ 插哨尾 ◎

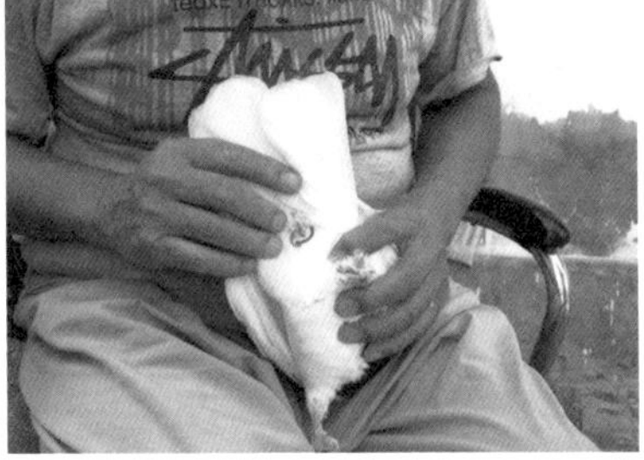

◎ 扣哨环 ◎

◎ 给鸽子戴哨 ◎

二、什么时候都能戴哨子吗？

什么时候都能戴哨子吗？回答是，不能。目前，市上卖哨、戴哨已经有点乱了规矩。从传统上看，卖哨和佩戴哨子是有季节限制的，应该在每年的中秋节后到来年的端午节。按理说，各门派的鸽哨在其他时间是不应该出现的。因为这几个月，一是鸽子繁殖的季节，雄雌鸽为了抚育后代，都会耗精力，身体损耗也大。尤其是优种鸽，它们会精心地培养小鸽子。况且，酷热的夏季，人们会想方设法地消暑纳凉，让穿着羽衣的鸽子负重飞翔，也太残酷了。如果这时天空中真有人放飞戴哨鸽子，善良的鸽哨手艺人们会心疼地骂他们几句。因为，他们视鸽子和鸽哨为自己的生命。

三、在今天，鸽哨光是收藏吗？

在今天，鸽哨光是收藏吗？如今，永字鸽哨回看历史，一步一步走到今日的辉煌，一点也不偶然。一点一点的进步，是无数的艰辛换来的。一个一个成果，是无数血汗凝结的。执着的追求，不懈的努力才让永字鸽哨的艺术展现、恢复了那些让人惊叹不已的非遗作品。看着这些精美的鸽哨，人们不禁要问，谁还舍得真的拿它让鸽子戴呢？

其实，永字鸽哨从老永时起，就有了两个发展方向。一个是大众的玩意儿，一个就是收藏品。当然，收藏为的就是欣赏。

老永那个，为了生计，从有了鸽子市开始就出售鸽哨。很多百姓喜欢鸽哨，但又没有那么多钱买，怎么办呢？只有在材料和做工上想办法。这鸽哨的成本，除了稀有材料除外，一般是工七料三。也就是说，制作得七成工，料却只占三成。于是大众化的鸽哨从材料上、制作工序上要缩减，这可难坏了永字鸽哨的制作人们。再怎么说，不能砸了牌子。

在当时就用一些好找的材料，然后用材料的自然色，不用上大漆。

◎ 鸽哨收藏（一） ◎

◎ 鸽哨收藏（二） ◎

虽说哨底不用刻字款，但终究出自名家的手艺，花不多的钱就求一个，百姓们乐不得呢！如今，永字的大众化鸽哨由何永江的三个徒弟在制作，基础打好，才能高端，永字第五代在成长之中。

有钱的玩哨，玩的是高端的；百姓们玩哨，玩的是实用的。无论是有钱的，还是没钱的，都能从鸽哨中获得快乐。

四、为什么学徒时那么多规矩?

老辈人规矩就是多，打从小能听懂话，大人就会说，规矩点!

别的门咱不知道，别的行也说不全。只说永字门。永字鸽哨第四代何永江十一二岁才正式跟着师父，那时已经有作品可以上市，拿得出手了，也就是大众化的哨子。已经可以用简单的材料制作二筒、三联、五联以及响少的葫芦了。这样，师父才认了这个徒弟，才肯体面地带着徒弟上市，向人介绍。而早在八九岁时，何永江就在师父的身旁看着，一边为师父递这递那，一边用心学，跟着做。

五、过年、过节去家求哨

对于永字鸽哨的传人来说，过年、过节有人来家里求（买或送或换）哨，是一件既高兴又头疼的事。

高兴的是，人家是对自家的认可，才来家里求几把鸽哨。要是还带着几位知名未曾谋面的生面孔，那更是给了手艺人好大的面子。也许，在这些贵人的群里有一位是认门看货订包活来的。所谓包活，有两种，一种是请鸽子把式管理偌大的鸽子房，包吃包住，事先说好工钱；一种是请手艺人专门定做成樘的收藏鸽哨，这也包吃包住，但事先不谈工钱，这份差事待遇要比鸽子把式高，且不说是把手艺人当作客情做工，伙食也比他家使唤的下人强。例如，饭桌上撤下来一筷子没动的盘盘碗碗。人家雇主只强调一点，包活期间，不能做私活，不能做自己的活上市。话又说回来，人家雇主的工钱还是比市面偏高的，不是名家，人家大户人家还是不用的，怕丢了自己的面儿。

剜哨的，想着好事并不见得能碰上好事，毕竟，有钱的包养鸽把式的能有几家。

永字门里有个规矩，要说这个规矩，老辈人五行八作大致相同，那就是快过节了，图个吉利，就会白送买主一两把哨子，或者，买主出的价位虽然比预想的压了个价，也痛快成交。挣点钱总比压货强，这些规矩似乎到现在还在延续。比如，商场到年底时的打折等。

过年、过节也是戴鸽哨的好季节。有人会问，不是刚说过，端午节到中秋节不卖哨子不戴哨子吗？中国的传统节日大都是团圆、喜庆的节日，数一数，几个大节日差不了几天，正是可以戴哨子的时候。

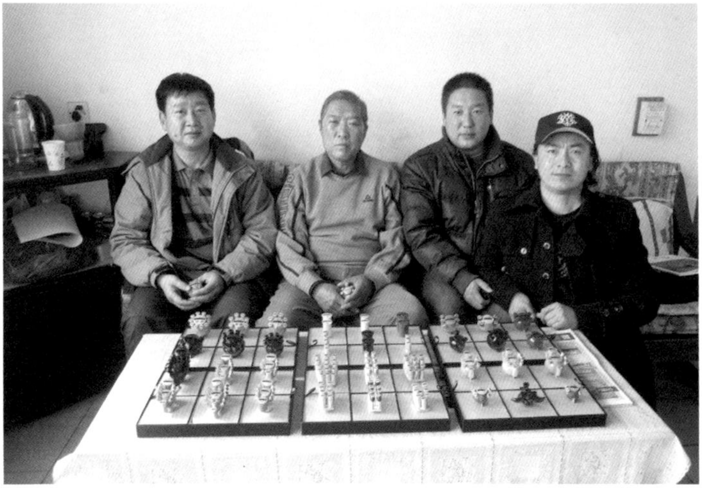

◎ 求哨 ◎

六、戴哨子是什么品种的鸽子？

戴哨子是什么品种的鸽子？这句话现在来问，是看您问老辈子还是现如今了。

王世襄老先生在2005年，《北京晚报》五色土副刊里作过专栏，在《延续中华鸽文化 抢救传统观赏鸽》文章中用大幅文字来介绍传统的中华鸽和中华鸽的传统文化。在历史中，民间到皇宫，皇宫到民间，几乎养的都是观赏鸽，小灰、皂儿、紫酱等。老北京的珍贵品种恰恰是点子品相最好。例如，墩子嘴儿、豆瓣嘴儿；黑凤白凤心儿，白凤黑凤心儿；凤头荷花状最好。点子分大点子、小点子，大点子尺半以上，小点子八寸。其中八寸五爪的小点子为贵，也叫凤点子。平头点子，天幕藏奸。观赏鸽说完了，老辈子这些鸽子都能佩戴哨子。可有一宗，一般都是雄鸽子戴哨子，非要让雌鸽子佩戴是会被玩主们讥笑的。

从打那年月引进国外鸽子的时候起，没有人追问啥时候有了灰鸽子（统称外血鸽，也叫灰楼鸽子）。后来，外血鸽子由信鸽逐渐成了赛鸽。外血鸽子养多了，养的家多了，佩戴哨子也分了叉。观赏鸽和赛鸽都佩戴了鸽哨，这样，观赏鸽因为品种的问题，鸽主们繁殖得越来越珍贵，哨子戴得少了。反而赛鸽的一般品种鸽佩戴哨子多了起来。实际上，确定老北京的鸽哨由谁来佩戴初始，是由中华鸽，也就是中国血统的观赏鸽，也叫宫廷鸽来佩戴。为什么叫宫廷鸽佩戴鸽哨呢？原先，皇宫里收集在民间养得好的观赏鸽，好的观赏鸽被皇宫里的鸽把式精心喂养，更好品种的观赏鸽又从皇宫里流传出来。如同鸽哨的发展历程一样，从民间到皇宫，从皇宫到民间。有一点大家还没有注意到，由于手艺人恪守着几千年流传下来的老规矩，让中华鸽的传统技艺和北京鸽哨的制作技艺成为财富保留下来。一直保留到今天，成为养鸽爱好者的喜爱和追求。

七、鸽子那么小，佩戴那么大的葫芦哨是不是有点过分了？

观赏鸽从历史上就分有大、中、小体型的鸽子。葫芦哨也分大、中、小三种类，至于葫芦哨上面的小响或叫耳朵，那就看鸽主们的喜好了。鸽主们有好筒类的，有好葫芦类的，还有好星眼类的。至于排类，一般的是显摆时才戴上一把。鸽哨的响儿越多，做起来就越麻烦。而且，在鸽哨重量上，剜哨儿手艺人非常注意，老辈子用小戥子称，最多五钱左右，最少一钱左右。现时，永字鸽哨第四代传承人何永江用天平称，论克计算。筒类一般六至八克，葫芦类一般九至十五克，星眼类一般十四五克。放心吧，养鸽的主儿爱鸽如命，剜哨的主儿视手艺为命，名家自然在超轻、超薄、外观好、拉风焦上下一番功夫。要不怎么说，人家是名家呢！

八、阴阳为什么在鸽哨形体中表现得那么明显?

我国古代哲学认为物的两大对立面就是阴阳。阴，就是月亮，往往还指女性，鸽哨作品中指的是母体葫芦。而阳，是太阳，往往还指男性，鸽哨作品中指的是筒。

自从有了单筒的鸽哨之后，北京鸽哨又创造出被称为“小闹子”的二筒。阳为单数，阴为双数，这还是筒类的规矩，不能改变。因为，单筒为始哨，二筒为万哨之源、母哨。在永字鸽哨里就再也没有出现双数的筒哨。有人又问，不是有星排类有双数吗？一般的星排类在鸽哨里都叫几排几子，子是男丁，自然也破解了双数为阴之说。一般的排类是因为有人喜欢收藏、美观，材料上讲究，手艺上高深才流传下来的。剜哨人多次实验过，音色、音高并不十分理想，做来玩玩可以，别人有的自己不能没有，而已。

把鸽哨记载成书，一定要遵守鸽哨的规矩和讲究。鸽哨筒类必须是单数（除二筒外），有三联、五联等。星眼类也必须是单数，七星、九星、十一眼、十三眼等。作为葫芦类的鸽哨，葫芦为主母体，月牙形为葫芦口，于是就有了众星捧月、众星截口捧月、二十四节气、三十六响等葫芦哨。

后来，王世襄老先生的“四足鼎立”没有在鸽哨中普及开，大概也是因为筒类单数为阳，双数为阴的原因。

第八章

绝活没有绝

第一节

现在的第四代守艺

作为永字鸽哨第四代的传承人，何永江目前最大的问题是如何把自己的手艺留下来，带好永字第五代的接班人。

如今，已不是旧时代的家传和师传，因为这个时代，这个鸽哨制作技艺根本养活不了一家人。传承和养家产生了矛盾，而且，年轻人有自己的理想和事业，强扭的瓜不甜，也就是说，这门手艺如果不是出于自愿不会有好作品。

何永江深知自己的责任很重，他苦恼。本来是说玩玩的事，现在却发展成责任，这也怨不得别人。他想先恢复老鸽哨的品种，因为，已没有老哨子做影模了。自己要是不把这永字的品种做好、做全，这传了二百来年的永字，会不会……何永江不敢往下想。他吃不好，睡不香，本应该出去外地散散心，他都放弃了，闷在家里一个劲儿地做。成功恢复了简单的，又尝试恢复复杂的，他哪里知道，当他拿着永字鸽哨亮相的时候，会有那么多的媒体和鸽哨爱好者来关心鸽哨的命运。北京电视台为北京鸽哨做了一档节目，刘一达老师挤出时间为北京鸽哨作了开头篇，进行宣传。这个节目获得了很大的反响，很多人纷纷追寻鸽哨渊源和制作人的情况。

人们的记忆里深藏着北京鸽哨的声音。

“豆汁焦圈钟鼓楼，蓝天白云鸽子哨”，在老北京人的心里，这描述的就是原汁原味的北京城，尤其是那回荡在四合院上空清脆的鸽哨声。但在不知不觉中，很多人已经说不上来有多久没有听到过鸽哨的声音了。2016年的龙潭庙会上，永字鸽哨第四代何永江带着具有百年历史的永字鸽哨绝活首次亮相，一下子让很多老北京人找回了地道的“老北京声音”。庙会摊位上不能带鸽子，何永江就带来几根鸽子尾部的羽毛，在现场不厌其烦地为游客们一遍一遍展示。只见他用线把几根羽毛绑紧，中间露出一厘米宽的缝隙，鸽哨的卡子（应该是哨尾）正好插进去，再用一个铜丝一卡，就绑牢了。把羽毛绑在一根长绳上，在空中甩起来，就能听到鸽哨遇到空气后发出的声音。何永江走到摊位外，拉开架势，围观的游客自动让出一个空间，绳子甩起来了，顿时阵阵哨声响起。

“就是这个声儿，就是这个声儿！”人群中有人激动地喊起来。

“这才是老北京的玩意儿！”

◎ 龙潭庙会展示 ◎

何永江多么希望鸽哨不要成为回忆。

在龙潭庙会筹备期间，何永江是在病痛中度过的。当时，因为肚子胀，他去医院做了检查，经医院确诊，他的胆结石已非常严重，必须得进行手术。但还有没有完成的鸽哨呢！何永江心里万分焦急，第一次去庙会就泡汤，可是他绝对不能容许的。那段时间无论白天黑夜，只要症状得到缓解，他就不眠不休地接着干，他要让百姓们尽可能多地了解永字鸽哨，尽可能多地看到非遗恢复的成果。

终于，何永江带着他的作品展示在龙潭庙会上了。

庙会的那几天，何永江吃不了荤腥，就用保温桶带一罐小米粥，一天的伙食就是它了。五天的庙会终于坚持了下来。精神头儿还不错，并且，展示的效果非常好。为此，《北京晚报》《京华时报》都为永字鸽哨作了专门的报道。据说，庙会每天的客流量17万左右，这么一来，永字鸽哨收到了很好的宣传效果。

庙会结束后，何永江很快地住进了友谊医院，友谊医院得知何永江是非遗的传承人时，非常重视，由专家刘军大夫亲自主刀，手术很成功。手术后的何永江恢复得非常快，和之前相比他作为非遗传承人，担当着更多的责任，更要保证健康。

身体健康了，心情自然愉悦，何永江的状态好了许多，他出的活比原来的要精致几倍，将老手艺完美地展示了出来。他想，为了老手艺不被人遗忘，一定要做个榜样。以后谁还能再说老手艺工艺落后，模样笨拙，那让他看看永字鸽哨的作品，不就得了吗?

作为永字鸽哨第四代传承人，何永江对永字鸽哨既有恢复、保留，同时又综合了几代制作技艺的特点加以改良，让鸽哨呈现出超薄、超轻、美观、别致的特点。不论是鸽子佩戴，还是收藏，都成为了上品。鸽哨作为传统的手工制作，除了模仿，还需要有很高的悟性，需要将师父的口口相传铭记于心，再变化成手中的艺术。

为了将永字鸽哨的制作技艺传承下去，何永江让自己的儿子和姑爷都继承和学习了这一传统技艺，并带了一个外姓的徒弟。

何永江的儿子说："爸爸，您别希望我们现在完全把精力都放在传承永字鸽哨上面，因为我们都有事业，它们同样重要，我们在服务于社会的同时，一定会学习和用心研究永字鸽哨。我们年轻，不像您那会没有今天这么好的条件，放心吧，我们会很快地赶上。"

何永江曾经问过徒弟："你有什么打算？"徒弟坚定地回答："老师，我已为永字鸽哨做了几期宣传材料，在了解了永字鸽哨的历史和制作技艺的同时，也了解了北京鸽哨其他门派的历史，我会边干边学，用心去学这个老手艺。"

何永江从小在护城河边长大，在他的记忆深处，那时的人们，到副食店打芝麻酱要拿副食本。家里煤球炉子上的水壶"呱啦呱啦"地响着，就会想起送煤工的门口吆喝。那时候登上钟鼓楼，就能看到砖木结构的胡同门楼、四合院，耳边听到的是悠悠扬扬的鸽哨声。那些或粗犷或奔放的鸽哨声一直伴随着何永江的成长。如果说八九岁开始学习制作鸽哨是因为“巧”，那么能够一辈子做鸽哨就是因为“痴”了。他手上那些大大小小的茧子，长长短短的疤痕，或许就是最好的证明。但当鸽哨的声音在空中响起时，他坦言，“做鸽哨是一件枯燥、孤单的苦营生，但当鸽哨的声音在空中响起时，那些烦恼与疲惫就瞬间消失了，生命不再孤单！”

无论是电视剧，还是片头曲，抑或是电影、话剧，只要红墙黄瓦紫禁城出现在人们的视线中，都会配有鸽哨的声音。虽然知道鸽哨模样的人不多，但那魂牵梦绕的美妙声音却依旧印在人们的心中。

对于何永江来说，有了永字鸽哨制作技艺传承人的荣誉，那这就意味着带徒的责任更加重大。鸽哨本身就是纯手工的物件儿，随着社会的发展和变迁，很多纯手工的物件儿已经逐渐从人们的视线里消失。

何永江突然发现自己存放的材料不够用了，三个孩子在加紧练习，使用的材料越发多了起来。有些材料是可以出去买的，可有些材料是需要去野外收集的。而且，大家都忽略了一点，就是材料是需要存放够一定时间才能使用的，并且，有些是在存放前就要处理好的，而有些材料却是需要存放够一定时间才能作处理。处理的方法是祖传下来的，是不能外传的，所以必须是何永江亲自来做。这大概也就是门派中为什么永字鸽哨的种类、质量、外观、声音、销量不败的原因之一。比如，竹料。现在只有郊区还有蔬菜大棚，因为他们支棚用的就是竹竿，大都用量很大，所以很多竹料供应商就在蔬菜大棚边上设料点。竹竿、竹片、木杆、木料应有尽有，这样，就方便了挑选鸽哨所用的竹料。因为用量小，鸽哨的材料就可以按要求可劲挑，并且价格也便宜，为此是可以多备些的。一捆60根，但真正能挑下来使用的并不多，只能多选几捆，甚至几十捆。但是随着郊区住房的改造，种菜的土地越发少了，供应商没有了那么多买卖，慢慢地也撤走了，原来十个料厂，现在大概也就剩下一两个了。如果要求太高，人家还不愿意卖给你。以前，还能够要求要三九天砍的竹子，现在，人家想什么时候砍得随人家的方便。竹皮、竹黄、竹肉、竹心的厚度、硬度、密度也离要求越来越远了。

一个孩子聪明，手巧学会做二筒需要100多根竹竿。这100多根竹竿是要从多捆竹竿里挑出来够标准的，而且经过特殊处理。何况，不是做一个筒就是一个筒，照这样下去，今后，如何维持带徒呢？

◎ 永字鸽哨第五代传人何铁成做活 ◎

其实制作鸽哨的材料值不了几个钱，有些材料都不用去买，铁杆苇就是其中一种。很多年前，郊区野地里都有苇塘、苇坑的湿地。制作鸽哨的铁杆苇子就在这些沟塘湿地当中。铁杆苇子不是长期泡在水里，一般都长在塘坡盐碱地。所以铁杆苇子壁厚，捏不碎。有心的手艺人如果发现哪里有一片铁杆苇子，为了让它长得更好，会在伏天里苇子正在生长拔节即将秀穗的时候把苇梢削掉，那样，苇秆子会更加粗壮好用。最近几年，何永江特别苦恼，这种铁杆苇地难找不说。跑出几十里地好容易找到一片，钻进深处，把苇梢削好了，以为没有谁能到那个地方去，到时候，该收割的时候再来。可等到时候去了，那里不是变成了垃圾场，就是被开发商夷为平地。

塑料、不锈钢制品冲击着市场，给人们带来了方便却也有不利，不能分解、不环保的东西堆积如山，把天然的植物压在了下面，何永江十分痛心，老祖宗留下来的手艺，虽然是慢功夫，虽然费体力，可它却能回归大自然，而且是没有一点污染地回到大地中去。

何永江又发现，自己从民间收集来的葫芦制作的鸽哨，有的焦响有的不焦响，有的发出的声音特别难听。同样的材料处理，同样的制作方法，就是有的成功，有的不成功。声音怎么会变了呢？有的干脆不做活，声音特别差。这可急坏了何永江。他拿着那几把葫芦哨，琢磨了好几天，花了好几天的工夫怎么会做出个哑巴哨，这不是砸自个儿的牌子吗？难道年岁大了，技艺出了问题？何永江琢磨不透是怎么回事。连着几天，何永江看着挂在墙上的一串串葫芦发呆。他突然想起了为东城区非遗博物馆馆藏制作的葫芦哨，六把葫芦一棵秧，一把都没出现问题，难道是……何永江一拍大腿，明白了，种植问题。收集来的葫芦，在种植管理上肯定出了问题，使用的农药、化肥等制造出的葫芦的质量和自然生长的葫芦质量肯定是有差别的。用这种葫芦的后果就是，皮脆、密度稀、音色也不是很好。

在这同时，学习制作的外姓徒弟的生活也出现了问题。

何永江的儿子、姑爷都有一份很理想的工作，家庭环境也很好。所以，在业余时间里学习鸽哨制作技艺没有什么问题。而且，何永江的儿子何铁成今年已经42岁，正是黄金年龄，加上从小耳濡目染看父亲制作鸽哨，有学习的优势。姑爷肖大庆，本来就手巧，再加上肯卖力气学，倒是也不费什么事。

外姓徒弟就不然了。因为酷爱养鸽子和制作鸽哨，没有正式的工作，他繁殖中华鸽和观赏鸽，还编辑了许多有关鸽子和鸽哨的文章，用作宣传。其实凭他的实力，找一份不错的工作是没有问题的。但矛盾就在这里，他愿意去做传承的工作，但收入就没有保证了。

何永江曾经对徒弟说："你这么艰苦，吃饭都是问题，如何孝顺你的父母，吃饱了饭才能谈养鸽子和做鸽哨。"

"老师，别人可能认为我是个疯子和痴子，我不这么认为，人各有志，养鸽子和做鸽哨是一种传统文化，我愿意把这件事做下去，而且，要做好！”

每当徒弟来家里，何永江都会招呼老伴留他吃饭。他觉得这个孩子生活太苦了，没有生活来源，却有自己的志向，尽量帮他。家里来了朋友，只要是和鸽哨有关的就会把徒弟叫来。生活有了困难，能接济就接济。休息日，儿子和姑爷回来探亲，何永江也把徒弟叫来，一同吃个饭，一起交流，让之团结。何永江知道传承艰难，晚辈们孝顺才接受安排，而这徒弟的生活可如何解决呢？割自己的肉补贴这个孩子呗！

谁都知道，非遗在传承带徒这个事上的困难。年轻人在这个高消费的社会里，都认准收入高的工作。这就造成找个徒弟不容易，老规矩是师父带徒弟是收学费的。现时，老规矩被打破了，你要想带个好徒弟就要付出代价。何永江带的徒弟规矩，和他一样，老老实实地做人。

要想传承这老手艺，就别想享福吃喝玩乐。

2005年，何永江退休后，儿女们抢着让父母留在自己身边，照顾父母。何永江选择留在燕郊镇梁家务村老家，他当时的想法是，我想恢复鸽哨的制作，在楼房里干这剜哨的营生，脏乱不说，而且，制作起来没日没夜的，会打扰儿女们的休息。儿女们心疼父亲，又没有办法。又鼓励父母能够出去散散心，后来才知道父亲开车出去是拉材料，直埋怨。

恢复永字鸽哨是何永江多年的心愿。老辈人们就认为养鸽子、剜鸽哨就不是什么正经行业。可说这剜哨不是正经行业吧，手艺可不在五行八作之下。笔者在查资料、做调查时，通过在百姓中的采访才发现，鸽哨历史悠久，受胡同里的老街坊、老邻居的怀念。

何永江的努力没有白费。

2013年7月东城区文委率先将北京鸽哨永字鸽哨列入非遗项目名录，由东城区文联做保护单位。

何永江拿到证书后，乐坏了。他向亲朋好友、老街坊奔走相告：“我终于能把永字鸽哨名正言顺地宣告天下了。上几代的师父没有白白守住这门老手艺，这是他们的艰辛和血汗换来的，我也要付出心血保护它。”

何永江在燕郊镇农村的小院，虽比不上城里的四合院格局，但却能找到原汁原味的四合院的影子。门楼、影壁、正房、厢房、老树、鱼盆、天棚、石榴树，一样不少。尤其是门口的国槐树已有200多年了。

另外，这个院子正房、西厢房、偏叉（隔壁墙）都很规矩，唯独没有东厢房。何永江从小酷爱鸽子、剜鸽哨。自从20世纪60年代末回到老家，就拾起了养鸽子的爱好。那会儿，城里不让养鸽子，也不让卖哨，几个鸽子市早被查封，鸽友们也不敢露头。这回好了，回到农村，没有人管。偷偷藏着养的好鸽子也被带回来了。东厢房那个位置就盖了鸽子窝。每个行当的手艺人都是把自己的行当视为生命在坚持，在传承。

◎ 鸽子窝 ◎

四十多年的鸽子窝一直延续到今天。几棵四十多年的柿子树像大伞一样为鸽子们遮阳挡风。中华鸽、观赏鸽在这里能找优良品种。春日的朝阳，秋日的蓝天，何永江放飞盘盘鸽子在白云碧海里鸽哨声声。

在这里能够找回四合院、鸽哨袅袅的记忆。来到这里采访何永江的记者们也都很喜欢这里。于是，《一世鸽情》《老祖宗的东西玩出正经

那些不曾被遗忘的京城『声音』

◎ 那些不曾被遗忘的京城“声音” ◎

一世鸽情

◎ 一世鸽情 ◎

老祖宗的东西得玩出正经来

◎ 老祖宗的东西玩出正经来 ◎

鸽哨——老北京的声音

◎ 鸽哨——老北京的声音 ◎

北京鸽哨 | PIGEON WHISTLE 回响在记忆深处

如果说北京根深蒂固的市井文化缺少不了接地气儿的胡同和耳熟能详的叫卖声，那么映衬在四合院上方清脆回响的鸽哨声也是北京一方水土中不可缺少的精气神儿。

◎ 北京鸽哨回响在记忆深处 ◎

来》《那些不曾被遗忘的京城“声音”》《北京鸽哨回响在记忆深处》《鸽哨——老北京的声音》《鸽哨·老北京的非遗》等，都在这里撰稿完成。

材料成了问题，何永江决定自己种葫芦，至于竹竿、竹板，他决定再到京城的周边去多找找。

燕郊的小院空气新鲜，处处给人一种温馨、舒适的气氛，在这里让人轻松、没有压力。一年四季都有花开，不用出门就可以吃到新鲜的蔬菜。街坊邻舍相处融洽。自己种材料，也可以动员别人家帮忙种一些。人民生活水平提高了，东西的价格也在增长，竹竿涨到九元一根，北京

◎ 育葫芦苗 ◎

◎ 葫芦架 ◎

◎ 修枝 ◎

鸽哨遇到的新问题还很多。

何永江作为一个老手艺人，他活得很孤独。因为是绝活，很多的技艺不能外传，他在做活的时候只有自己研究。而且，市场的变化和环境的变化也让手工艺传承艰难。挣钱多就得用机械，而机械无法代替刀具，无法制作鸽哨。至今，何永江的工作台还是他40多年前自己打制的旧的方桌，再过几年，估计也算得上是古董了吧。何永江在这张旧方桌上干活，方桌用起来也很顺手。他说："不管怎么着，这也是件旧物，要我在豪华的办公桌上干活，我还没有感觉呢！"这也算是一种怀旧情结吧！

就在这张桌子上，何永江创造了一个新的永字鸽哨世界。恢复了100多种各类的鸽哨，尤其是收藏类的作品，可以说目前还没有哪一家可以超越。

“人到了这个年龄，已不再追求吃喝玩乐了，给下辈的人留点念想才是最重要的，将来有一天，见到老祖宗了，一拍胸脯说，‘怎么样？我把这手艺传下来了，没丢老手艺人的脸！’”何永江说。

关于非物质文化遗产中物质与非物质的关系，我们认为，这里的“物质”与“非物质”主要是指载体上不同的形态，是否有固定的、静态化的形态？是否需要依赖活态的形式予以传承等。“非物质文化遗产”概念中的“非物质”并不是与物质绝缘，而是指重点保护的是物质因素所承载的非物质的、精神的因素。实际上，多数非物质文化遗产是以物质为依托，通过物质的媒介或载体反映出了其精神、价值、意义。因此，物质文化遗产与非物质文化遗产的主要区别是：物质文化遗产的物质存在形态、静态性、不可再生和不可传承性，保护也主要着眼对于其损坏的修复和维持现状保护；非物质文化遗产是活态的遗产，注重的是可传承性（特别是技能、技术和知识的传承），突出了人的因素、人的创造性和人的主体地位。非物质文化遗产蕴藏着传统文化的基因和最深的根源，一个民族或群体思维和行为方式的特性隐寓其中。非物质文化是物质的、有形的因素与非物质的、无形的精神因素和复杂的结合体。这是非遗专家的定义。

有人问过何永江：“你的鸽哨能不能用机械或成批量生产。如果销售量大，你就不必为这简陋的条件吃苦受累，多挣点钱不好吗？”

何永江回答：“不能，我虽然也需要钱，因为人活着不能没有钱，可有一点，我明白，老祖宗传给我的手艺是财富，是金钱无法衡量的。我也知道，我把手艺变了模样会挣大钱，可那还是真正的永字鸽哨吗？老祖宗留下这点玩意儿不容易。尤其是，鸽哨的声音已成为老京城的共同回忆。谁一提起鸽哨，听到鸽哨的声音都说这是咱老北京的物件儿。这手艺是咱老北京流传下来的，鸽哨就是老北京的图腾，是咱老北京老辈子就传下来的标志。我怎么可能卖掉我的手艺。”

何永江说到做到了。他做了一番准备工作后，大胆地向东城区文化委员会、北京市文化局、国家文化部递交了一份创意书。

创意书是这样写的。

何永江，北京市级非物质文化遗产代表性项目传承人，北京鸽哨永字鸽哨第四代传承人。

鸽哨从宋代就有人制作，后来盛行于清代道光年间，后来叫作北京鸽哨。如果说，老北京有图腾的话，那么，北京鸽哨当属首位。因为，鸽哨在空中“嗡嗡嘟嘟”的优美音乐代表着老京城的历史文化，鸽哨的声音让老北京人在记忆里始终不忘。

北京鸽哨的声音，从它出世的那一天起，就已有吉祥之声、幸福之声的美称。在当今，更以和平之声、和谐之声享誉世界。

民间的鸽哨始终让它以简单的方式、美妙的声音、执着的传承、人类与动物的合作的心声被喜爱。

当空中，流返、旋转北京鸽哨的音乐时，人们会不约而同地动情聆听，赞美鸽哨的声音的美好，称赞祖国的昌盛、富强，享受社会的安定祥和，品味生活的美满、幸福。在祖国的强大、社会的安定、人民的幸福的感召下，北京鸽哨的非遗传承人何永江做出了一个大胆的决定。几年来，北京鸽哨历经了200多年的坎坷、磨难后，终于有了今日国家的大力保护，各级政府的关注、扶持、各界人士的热情帮助，顺利地实现着自己的中国梦，为了这一中国梦，何永江愿意无偿制作和提供700把精良的永字鸽哨，希望能够参加2019年国庆活动。如果国庆活动组委会允许，何永江将拿出几百把鸽哨用于放飞和平鸽展现，在天安门广场上空用鸽哨合奏和平之声、和谐之声、吉祥之声、幸福之声。让中国渴望世界没有战争的声音、让渴望世界和平的呼唤、让渴望世界安定的祥和、让渴望世界和平的人民的梦想震撼人类!

个人的力量是渺小的，这只是一个创意，政府的扶持力量是强大的，会为创意实现铺平道路。

北京鸽哨的传承是历史的。

北京鸽哨的文化是人类的。

北京鸽哨的梦想是中国的。

北京鸽哨的辉煌是世界的。

◎ 截至2016年9月已制作出的哨子 ◎

何永江无偿地捐献这700把鸽哨，需要相当大的勇气。原材料不说，光是工夫就得用两年至三年的时间。到2016年初已做出200余把鸽哨。到2018年就得再做出500把鸽哨，才能完成自己的心愿。何永江今年已经是67岁的年纪，身体还好，但眼力是一年比一年差了。他要赶在时间的前面。而这几年里，何永江除了参加必要的活动外，其余时间就把自己闷在家里埋头做哨。他坚持着自己的信念，为北京鸽哨争得这一荣誉。倘若没有实现，用何永江的话说，“为了老北京的传统文化，为了老北京的非遗传承，为了那记忆深处的念想，也值得了！”

2015年初，何永江就开始筹备制作700把鸽哨的事。

“咱们家还有钱吗？”何永江问老伴。

“区里给你的钱不是订购展览的檀木底座和购买锦盒了吗？再说，我还给你搭了好几千呢？”

“我想，咱们手里的料不够做，再说还要搁两三年才能用，如果现在不存点料，恐怕到时候创意就泡汤了。”

何永江最近几年没少做哨子，除了下功夫恢复老哨子之外，也教三个孩子做些二筒和简单的葫芦类哨子。他不放心三个孩子学的手艺，毕竟年头还浅，虽然看得过去，但如果拿到国庆活动上去，他心里不踏实，他决定自己制作。如果按照质量好的竹竿去挑，在钱上还是有一两万元的缺口。何永江老两口退休后，每个月一共有5000多元的退休金，再加上年节儿女们给点，本来挺好的日子。可是为了这个非遗项目，他们经济上很是拮据，怎么办呢？何永江一想起这个能为老北京传承骄傲的事就抓心挠肝。

“能先摘我点钱用吗？如果再不备料，可就来不及了，材料还得再做处理呢！”

“你哪有钱啊！三个孩子跟你学这门手艺本来就是强求的事，工具和材料钱都得咱们垫上。你还带了个穷徒弟，这话还不能当着徒弟的面儿说，多难为人家老实孩子啊！老跟着你学，学出点模样了，我这还不知道拿啥奖励那孩子呢！没别的，那孩子困难，就缺钱！本来，我想，看你这破破烂烂的干活地方，还想为你改建一个工作室。这刚攒了一万多块钱。再说，这钱也不经花呀，你买了材料，那就只能还工作在这个环境里，别怪我。我也奇了怪了，人家记者们还真不嫌弃你这个工作环境，连外国人都追到家里，还喜欢得不得了！”

何永江听着老伴的唠叨，苦笑没有话回答。没有钱办不了称心的事，何况他这心愿又真有点大。他心里明白，即使是老伴把这一万多块钱拿出来了，也就买回十几捆竹竿，还不知道能挑出多少能用的，材料是越来越不好买了。

甭管怎么样，何永江掏空了家里的积蓄，陆续地把十几捆竹竿买了回来。为了省100多块钱的运费，他顶着日头，把竹竿自己要用的那几截切下带回来。毕竟是67岁的人了，老伴看着他满头大汗的模样，是又好气又好笑又心疼，可他还在那冲着老伴傻笑。传承有多难，又有谁知道呢?

何永江为了这鸽哨制作技艺，用心良苦。他觉得趁着自己还能干，还能教，得省就省，把方便让给年轻人。首先，每年的开车旅游省了，除了吃饭老伴不让省以外，穿衣、应酬全部都节俭了。但他对工具、作品、展示一点不将就。材料买得差不多了，又吵吵着为孩子们多备几套顺手的工具。

他说："我还能干，我多备点，他们就学得快点。要不，他们干烦了，谁来接我的班？"

就是这样，何永江还是执着地热爱他的鸽哨手艺。

自从媒体报道了永字鸽哨后，何永江家的电话就没消停过。尤其是他荣获了市级非遗项目传承人后，拜访燕郊小院的人越发多了起来，燕郊小院失去了从前的平静。周围的人以前只知道何永江养好看的鸽子、剜鸽哨。过年过节，好朋友偶尔来求一把鸽哨，却没有人把鸽哨手艺当作一种艺术，把鸽哨作品当作一件艺术品。这回媒体一宣传，求哨子的人多了起来。很多鸽哨爱好者一来就订几套，甚至订购一樘、几樘，电话不断。

"何老师，你可劲儿地做，您做的哨子我都要了，您出价，您要多少我给多少！"有人这样说。

何永江听了这番话，并不高兴。他想的不是这个，他想的是如何把老祖宗留下来的手艺、作品做全，恢复成原有的模样，甚至还要好。鸽哨多种多样，一类的鸽哨如果用全材料搭配的话，就会在何永江的手里搭配制作出上百种。因为这一类的鸽哨就是上百种材料，何永江想尽办法搜集材料，一直都未能凑齐。哪能为了眼前的经济利益耽误了恢复，是利益还是恢复，何永江选择了后者。

看过何永江作品的人，都会有一种占为己有的冲动，“我想要是有几把这样的鸽哨收藏该有多好啊！”这就是北京鸽哨制作技艺的魅力。北京鸽哨制作技艺通过制作人的手艺被表现得淋漓尽致，让喜欢鸽哨声音的人既饱了耳福，又饱了眼福。

何永江就是不卖，他说：“现在恢复老种类已是很不容易，做一把‘一年’（三十六个响）得用去将近一个月的工夫，我还有多少个一个月，更何况，那么多的种类、样子还等着我去恢复，都卖了，拿什么留给后人。不就是少吃点儿好的，少穿点儿好的，少享受点儿吗？我甘心情愿。有钱难买老来乐！老了老了，我找到了自己想做的事；老了老了，我找到了自己的乐子。”

何永江就是这样，明明能吃好的、穿好的，却痴心不改，弄得儿女们改变了孝敬方式，过年过节给父亲买几身好衣服，买几双好鞋。何永江还净想着这么贵的东西要是变现了，该有多好！痴心地让老伴多攒点钱，好改建工作室。老伴都给他气乐了，钱不是早就被何永江拿去买了材料了。老伴平时还挖空心思想着多贴补徒弟点儿。儿子和姑爷都有份稳定的工作，就这徒弟让人心疼。何永江做手术那会儿，徒弟手里没有钱，愣是卖了四只心爱的鸽子，换回了20斤好小米，给师父送了过来，让师母的心里非常感动。这孩子不容易，为了理想刻苦学习，争气要强。何永江的徒弟们，无论是家传的还是外传的，让他感到非常的自豪。

在传承非遗永字鸽哨的道路上，何永江觉得要学习的东西很多。何永江时常想起中国的“花儿金”的一句话，“使劲儿快跑，我们在前面等着你！”

何永江何尝不知道，中国的“花儿金”的话代表着有实力的、有传承能力的、走在前面的非遗人。中国的雕漆、中国的“风筝哈”、中国的景泰蓝，等等，他们是天空中灿烂的星，聚集着绚丽多彩的光芒。他们走在了前面，承载着非物质文化遗产执着的生命力。

第二节

大众首肯的手艺

何永江近年来受到的荣誉及奖项有：

2012年参加东城民间艺术家作品观摩展，并获得优秀奖。

2013年3月《北京信报》刊登文章《绝响》专门报道何永江及他的永字鸽哨技艺。

2013年7月入选东城区第四批非物质文化遗产名录。由东城文联做保护单位。

2013年9月参加“天宫巧艺”首届北京市东城民间工艺美术双年展。

2013年10月参加北京市东城区与新疆和田墨玉县“手拉手”文化援疆活动。

2013年10月参加北京民间文艺家协会“秋实华艺”北京民间艺术新人新作展。

2013年3月北京电视台财经频道拍摄、制作、播放了有关永字鸽哨的节目。

2013年4月北京新闻广播电台制作并播出了有关永字鸽哨的节目。

2013年7月22日《北京日报》北京新闻版《东城区率先推出第四批区级“非遗”名录》中提到北京鸽哨（永字鸽哨）。

2014年7月北京体育频道《快乐健身一箩筐》中专门报道了北京永字鸽哨。

2014年12月，永字鸽哨获得北京市市级非物质文化遗产项目称号。

2015年第1期《旅游杂志》刊登《北京鸽哨回响在记忆深处》报道何永江及他的永字鸽哨技艺。

2015年3月4日北京卫视《北京您早》播放北京鸽哨参加东城区非遗闹元宵展示活动。

2015年3月6日北京财经频道播放北京鸽哨参加东城区非遗闹元宵展示活动。

2015年6月10日参加东城区非遗博物馆开幕，展藏北京鸽哨作品，北京卫视同天播出鸽哨视频片断。

2015年9月获得北京市市级非物质文化遗产传承人称号。

2015年9月，参加北京市东城区与内蒙古自治区包头市进行的文化交流活动。

2015年11月，参加北京市东城区与河北省廊坊市进行的文化交流活动。

2016年2月参加龙潭庙会的非遗展示，《北京新闻》《北京晚报》进行了报道。

2016年4月27日《北京晚报》纪录栏目刊登了《一世鸽情》。

2016年5月参加延庆举办的端午文化节非遗展示活动，北京卫视进行了同步直播。

2016年7月参加在中华世纪坛举办的北京民协组织的"天工桑莲"非遗项目展示。

2016年8月3日《参考消息》刊登了《那些不曾被遗忘的京城"声音"》。

2016年非遗网络平台播出短片《匠心之念》。

第九章

永字鸽哨精品赏析

红墙黄瓦老皇城，北京永字鸽哨诞生地。

北京市级非遗项目代表性传承人何永江是北京鸽哨“永”字门第四代传承人，今日的永字鸽哨制作技艺既传承了传统，又在原有上进行了创新。

鸽哨分为四大类：筒类、葫芦类、星排类、星眼类。

永字鸽哨的代表作：第一代是老永的四响二筒；第二代是小永的三腔双截口葫芦；第三代是王永富的白果壳鸽哨和莲子壳鸽哨；第四代是何永江恢复的特殊材料作品。

此次作品赏析共有36种，包括了北京鸽哨的四大类，尤其是材料比较特殊的白果壳、莲子壳、荔枝壳、橘子皮壳、菱角壳等，堪称上品，也是数量极少的收藏珍品。

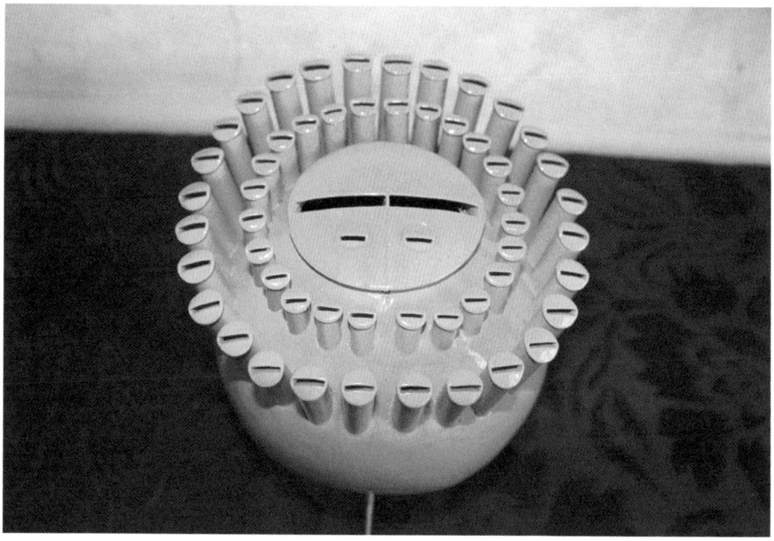

◎ 葫芦哨模型，五十六响　何永江制作 ◎

五十六响是永字第四代何永江代表作，这件作品是一个葫芦哨的模型，2011年创作，创作时间35天，全部为纯手工制作。设计新颖，创作大胆，是鸽哨制作历史上首次出现的作品。主体材料为大葫芦、竹、苇、瓢。此作品展示是为了让观赏者更加直观地了解鸽哨的特殊构造。56个小响围绕着主体葫芦，象征着56个民族团结在一起，共创同一个梦想。

◎ 一棵秧六把葫芦　何永江制作 ◎

一棵藤上的六个葫芦制作成的鸽哨，是何永江在2014年专门培育的压腰葫芦，在培育过程中，何永江在葫芦长成时特地在一棵藤上保留下的珍品。自然界的植物有时很神奇，难得结下六个品相好、大小均匀的果实，而且要适合做鸽哨，音色还要好也很重要，再加上永字鸽哨的独有技艺和传承人精湛手艺，才做成了这套珍品鸽哨。作者为了让作品尽可能地突出纯天然、纯手工、纯传统制作，选用竹板做哨口，竹子做筒身，一样的材质。现藏于东城区非遗博物馆。

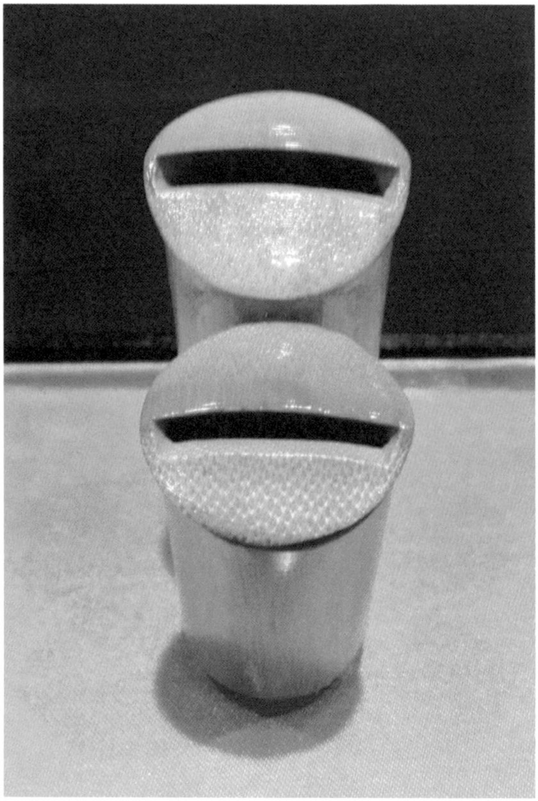

◎ 二筒　何永江制作 ◎

二筒的制作，年代可追溯到宋代。二筒是万哨之母哨，因为阴阳学的影响，筒类都是单数，单数为阳，而二筒却是万哨之源。每一代的鸽哨制作都是从剜二筒鸽哨开始的。二筒的音符前是1，后是2，符合古代传承下来的五音之一宫和商，这为后来的鸽哨在空中的声音起到了最初音调形成的决定性作用。材料简单，竹、瓢都可以制作。二筒在民间还有个别名，“小闹子”，寓意是小两口吵吵闹闹的一辈子，谁也离不开谁。现藏于东城区非遗博物馆。

◎ 象牙檀木二筒　何永江制作 ◎

象牙檀木二筒，这是一件象牙和檀木材料制作的收藏类鸽哨，是永字第四代何永江恢复第三代王永富的作品。檀木制作筒身，象牙材料制作门崽。整个作品，工艺讲究，材料珍贵，造型独特，价值上等，为鸽哨界不可多得的珍品。现藏于东城区非遗博物馆。

◎ 四响二筒　何永江制作 ◎

四响二筒为何永江恢复的永字第一代老永的代表作，采用竹、苇材料制作，两个筒类小响，又称抱崽。现藏于东城区非遗博物馆。

◎ 六响二筒　何永江制作 ◎

六响二筒，是由竹、苇材料制作而成的，前后的二个筒的盖在前脸的位置上，用苇筒、竹盖各做出两个抱崽，实际上每个崽也是一只独立的筒哨，被主筒抱在怀里。抱崽也称抱门崽，永字上三代曾用象牙做抱崽的口点缀鸽哨大口。因为抱崽是个独立的筒状，前后四只抱崽在主筒大口上，洁白、细腻，非常可爱。现藏于东城区非遗博物馆。

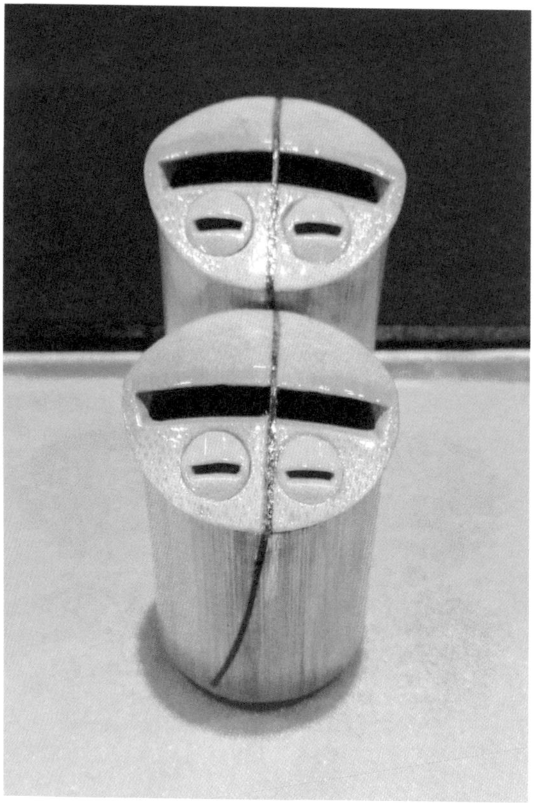

◎ 八响截口二筒　何永江制作 ◎

截口，在鸽哨制作中始终是个难题。竹筒制作成半成品后，已经薄如纸，再截开加档，一不小心的话就会捏碎。小永时期就发明了这种鸽哨，至今也将近百年。何永江制作出竹料筒、檀木门崽、象牙门崽的八响截口二筒，尤其是竹料筒、檀木门崽的八响截口二筒，本色的筒、紫红的门崽，犹如小如豆的眼睛，使整个作品俏皮、可爱，堪称上品。现藏于东城区非遗博物馆。

◎ 三联　何永江制作 ◎

三联，用料为竹、苇、葫芦。筒用竹料，筒底用瓢料，哨筒也有用粗壮的苇秆制作而成的。三联在鸽哨中较二筒声音还要清脆，三联和二筒一样，是最受普通百姓欢迎的一种鸽哨。因为三联比其他鸽哨容易辨别音色，在节日放鸽哨时，爱好鸽哨的人会在一套鸽哨中加上两把三联，用来提高鸽哨的声音。现藏于东城区非遗博物馆。

◎ 五联　何永江制作 ◎

五联是筒类中主筒最多的一种鸽哨，主要材料为苇、瓢。有人会觉得筒类普通而又不可或缺，五联作为补充被创造出来。五联鸽哨虽然被人们认为是二筒和三联的组合，但为了适合鸽子佩戴，制作者们把五联的筒的外观尽可能地变细，巧手的手艺人会在筒盖的下面加一层底，以便鸽哨拉风时风力灌满发出圆满的声音。五联既有二筒没有的细嫩清脆，又有三联的串串铃声，发出的声音非常美。现藏于东城区非遗博物馆。

◎ 八仙捧月　何永江制作 ◎

八仙捧月，是由民间传说和民间手艺智慧结合而得。民间传说中的汉钟离、张果老、铁拐李、吕洞宾、韩湘子、何仙姑、曹国舅、蓝采和为八仙。八仙捧月，以主体葫芦上的八个小响代表八仙，主体葫芦的大口代表月亮，喻为八仙捧月。主要材料为葫芦、竹、苇。现藏于东城区非遗博物馆。

◎ 三头六臂哪吒城　何永江制作 ◎

在说北京的格局时，老北京人爱说北京是三头六臂哪吒城，为了凸显永字鸽哨是老北京的玩意儿，所以创作了这件作品。作品中前三门为前门、崇文门、和平门；右三门为广安门、阜成门、西直门；左三门为广渠门、朝阳门、东直门；后二门为德胜门、安定门。现藏于东城区非遗博物馆。

◎ 捧月　何永江制作 ◎

捧月是根据民间的传说设计的葫芦类鸽哨，主要材料为竹、瓢、苇。捧月中间的主体是葫芦，因为葫芦主阴，所以大口代表月亮，主体葫芦周围有六个小响，这六个小响并不是装饰，而是分别按装的比例制成前后高矮的六个筒。民间称六个小响为六个月，也称半年葫芦。现藏于东城区非遗博物馆。

◎ 八仙截口捧月　何永江制作 ◎

八仙截口捧月是继八仙捧月之后的又一佳作，主要材料是竹、苇、葫芦。民间百姓和民间口头文学艺术家们创作了很多关于八仙的传说。月有阴晴圆缺，让老辈儿的手艺人用鸽哨的制作来表达。截口部分发出来的声音比满口发出的声音更加低沉，而且是双音。当人们放飞鸽子，鸽子所佩戴的鸽哨响时，会让人们想起老辈人创造历史的不易。现藏于东城区非遗博物馆。

◎ 十三仓　何永江制作 ◎

在清代，从通州经过通惠河五闸运来的漕粮，会被分配到分布在东直门、朝阳门内外的京师十三仓贮存，京师十三仓分别为：海运仓、北新仓、南新仓、旧太仓、兴平仓、富新仓、禄米仓、万安仓、太平仓、裕丰仓、储济仓、本裕仓和丰益仓。根据十三仓的位置，永字鸽哨创作出了代表老北京十三仓的作品。现藏于东城区非遗博物馆。

◎ 截口捧月　何永江制作 ◎

截口捧月的主要材料为葫芦、竹、苇。主体葫芦的截口是这件作品的难点所在，薄如纸的葫芦加一个档很考验制作人的功夫。双低音婉转、低沉。此件作品在历史价值、艺术价值、收藏价值上都堪称上品。永字鸽哨几代人的创作不但种类多样，在材料上又搭配多样，并且在音色、音准、音高上也有它的独特性、创造性。现藏于东城区非遗博物馆。

◎ 象牙牛角口七响葫芦　何永江制作 ◎

象牙牛角口葫芦是永字第三代王永富的作品，由何永江恢复制作，主要材料是象牙、牛角等。老辈儿的工匠们将珍贵的材料用他们的智慧和手艺制作成了稀有珍品。此件作品以葫芦为主体，上镶象牙、牛角材料的大小口，象牙大口洁白、细腻，牛角小响如玉石般晶莹。凝聚着永字门代代相传的精湛技艺，凸显了几代人的独特技艺以及传承的延续精神。现藏于东城区非遗博物馆。

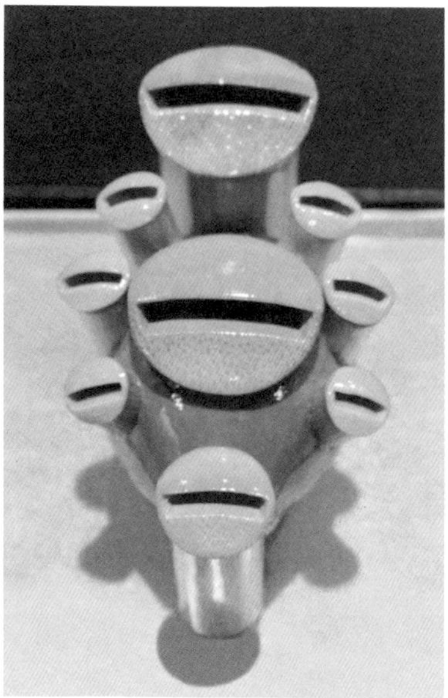

◎ 九星　何永江制作 ◎

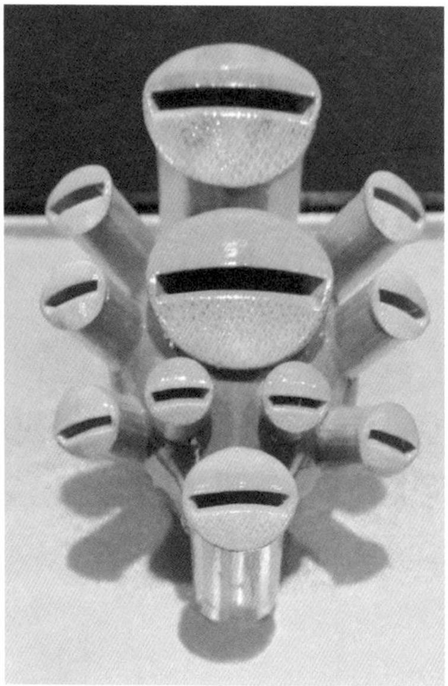

◎ 十一眼　何永江制作 ◎

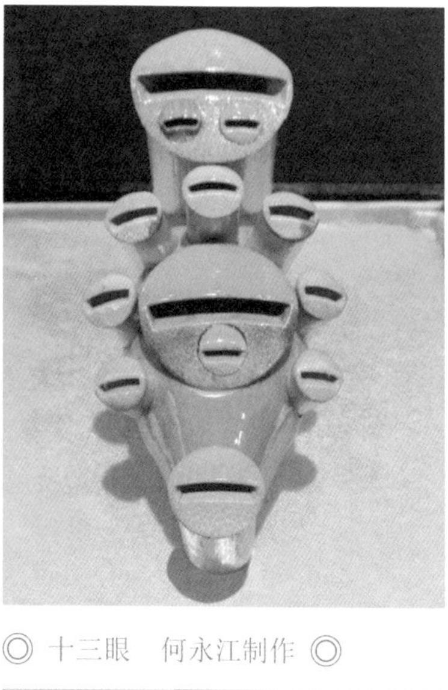

◎ 十三眼　何永江制作 ◎

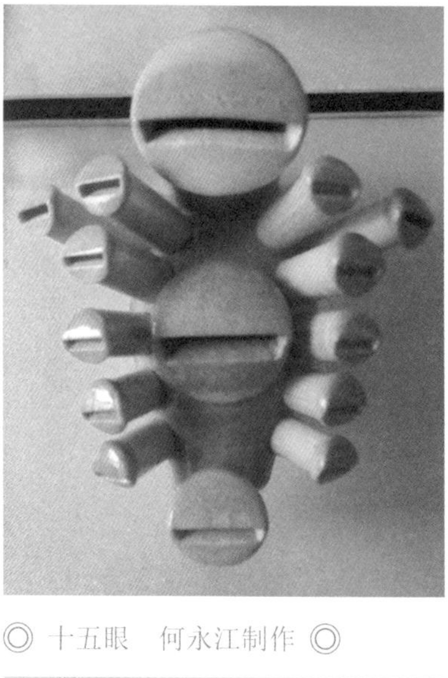

◎ 十五眼　何永江制作 ◎

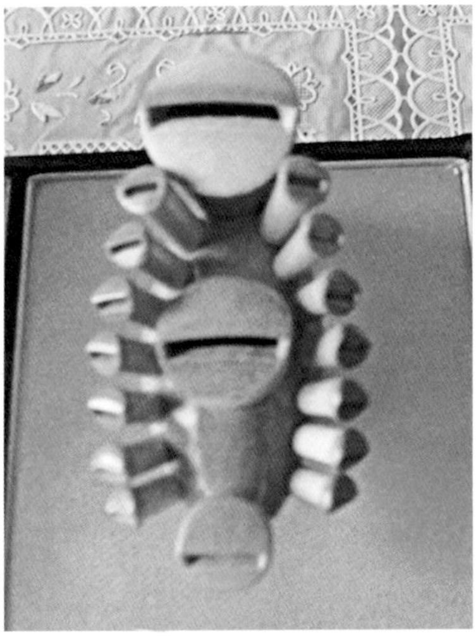
◎ 十七眼　何永江制作 ◎

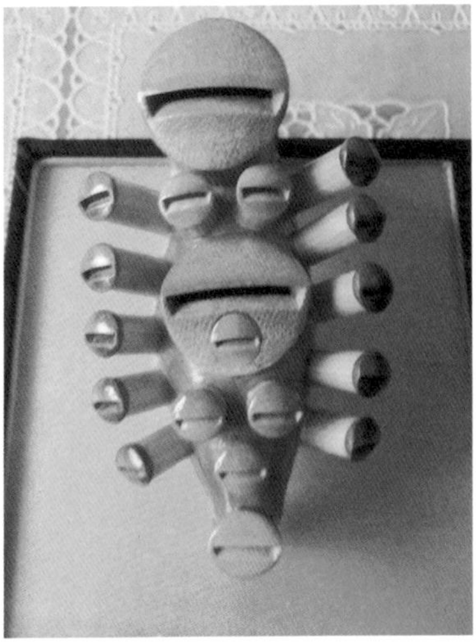
◎ 十九眼　何永江制作 ◎

九星、十一眼、十三眼、十五眼、十七眼、十九眼鸽哨都属于永字鸽哨的星眼类。在鸽哨中星眼类一般只有七星和九星是用于佩戴的。虽然，它们主体也是葫芦，但却是用压腰葫芦的上半部分，而葫芦类鸽哨用的是下半部分。这也是祖先们对于大自然造物的一种感恩和回归。既然大自然给了人类许多生路，人类就应该珍惜，不浪费大自然的馈赠。用压腰葫芦的上半部分作主体，用竹或苇做小响，小响向中靠拢，既不张扬又很规矩。七星、九星、十一眼、十三眼、十五眼、十七眼、十九眼，一个比一个多两眼，就像一只只在浩渺云天里众人划动的小船，同心协力，团结一心，喊着同一个调子，向着同一个目标而努力拼搏。

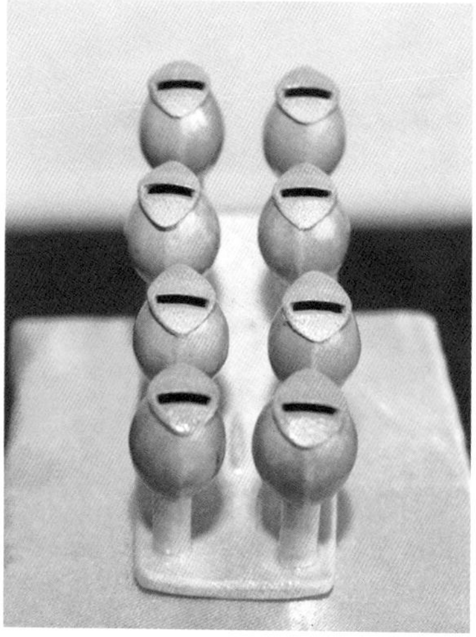

◎ 双排八子白果壳　何永江制作 ◎

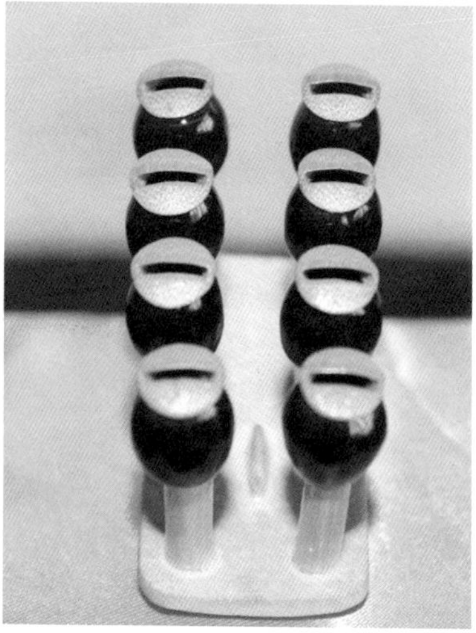

◎ 双排八子莲子壳　何永江制作 ◎

◎ 三排十二子　何永江制作 ◎

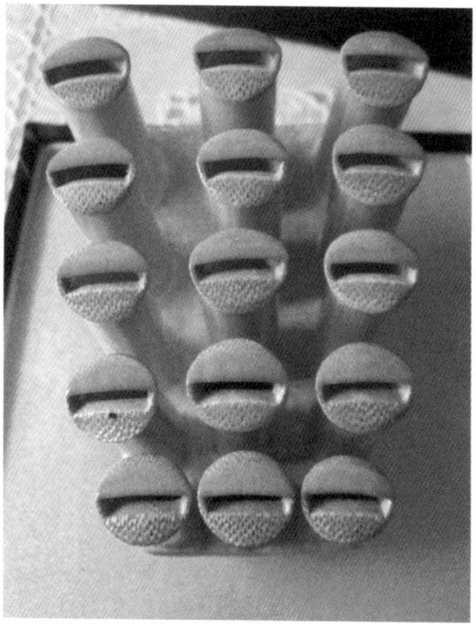

◎ 三排十五子　何永江制作 ◎

双排八子白果壳、双排八子莲子壳、三排十二子、三排十五子为永字鸽哨第三代王永富的代表作，由何永江恢复制作，属于星排类。在民间，莲子的寓意是多子多孙，白果的寓意是白头到老。王永富盼望着百姓吉祥、幸福，便设计、创作出了莲子壳、白果壳、小葫芦的星排类的鸽哨。

◎ 二十四响　何永江制作 ◎

永字鸽哨传承200多年，老几代鸽哨制作者依照古代历法和民间农事的规矩创造了二十四响葫芦哨，主要材料为葫芦、竹、苇。寓意为二十四节气，体现了中华民族的农耕文化。

◎ 三十六响　何永江制作 ◎

永字鸽哨的三十六响的主要材料为葫芦、竹、苇，寓意为一年365天。在天坛的祈年殿中有二十四根金柱，代表着二十四节气，外围还有十二根金柱，加起来共三十六根，也代表着一年365天。因此，三十六响鸽哨又被称作一年。

◎ 五坛　何永江制作 ◎

鸽哨中有很多根据历史、地名来制作的哨子，老辈子的手艺人他们很懂得为子孙留点念想，于是就有了象征意义的鸽哨。五坛就是其中的代表，五坛分别代表着天坛、地坛、日坛、月坛、先农坛。当人们放飞鸽子，听着鸽哨在空中响起时，就会想起老祖宗为我们留下的古迹、历史和文化。

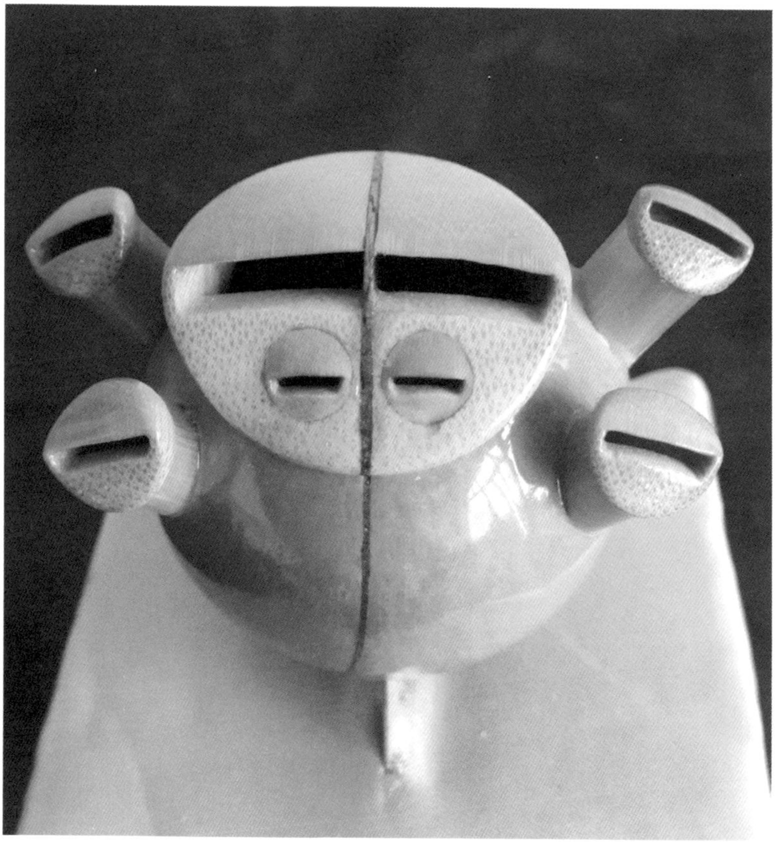

◎ 八音截口葫芦　何永江制作 ◎

八音截口葫芦为永字鸽哨第二代小永代表作，由何永江恢复制作，主要以葫芦、竹、苇为材料。主体葫芦的双低音婉转、低沉，外形美观，小响整齐向中心大口并拢，多个小响发出的多个高低音清脆，与主体葫芦配合，音色优美。

◎ 五响子母莲子葫芦　何永江制作 ◎

五响子母莲子葫芦是专为观赏鸽制作的鸽哨，以葫芦、竹、苇为材料，具有天然性、回归性、环保性，象征子母相依。小响和母体葫芦紧紧地拥抱在一起，就像母亲拥抱着孩子，一起飞向天空，融入自然，随鸽起舞，拉风歌唱。

◎ 荔枝壳鸽哨　何永江制作 ◎

荔枝壳类鸽哨应该属于永字第四代何永江归纳、恢复的收藏类鸽哨，主要材料为荔枝、竹、苇。鲜香欲滴的荔枝除去果肉，经过特殊处理风干后，保持了其原来的模样。通过永字门的独门手艺，在荔枝壳上制作大盖、小响，有造型、有声音、有创意，是收藏类鸽哨中的上品。

◎ 墨环戴七星 ◎

◎ 墨环戴五联 ◎

◎ 点子戴二筒 ◎

◎ 点子戴三联 ◎

只有当鸽子佩戴上鸽哨后，在天空中飞翔，发出鸽哨声，让人类听到这和平之声、和谐之声、幸福之声、平安之声，鸽哨才算完整。

后记

AFTERWORD

《北京鸽哨》一书终于完成了，可以说喜悦和心力交瘁交织。作者用了三年的时间，经过许多个不眠不休的黑夜和白天，倾听着永字鸽哨传承人何永江血和泪、苦和乐的诉说，才让这些点点滴滴的回忆汇成了一行行的文字，之中的那份不容易无法形容。而这本鸽哨历史却是剜哨制作技艺人自己的诉说，对鸽哨的历史和今日的辉煌的诉说。

北京鸽哨之永字鸽哨200来年的历史，在沉寂了数十年后又在人们的视野中再现，那在京城上空曾被几代人追寻和熟悉的鸽哨声音是和平之声、和谐之声、幸福之声、平安之声，它已得到政府肯定、百姓认可。

《燕京岁时记》《都门豢鸽哨记》等都曾记载过永字鸽哨，尤其是收藏家王世襄先生也曾从玩家的角度详细地介绍了北京鸽哨的渊源和制作技艺的传承。而本书经过作者努力，尽可能完整地记录下传承人的口述。可以说作者是站在做哨手艺人的角度上来写永字鸽哨的，是继王世襄老先生《北京鸽哨》之后，将老先生未写到的部分，加以补充。

笔者回看，整理永字鸽哨资料的场面依旧历历在目。先是东城民间艺术家协会副秘书长李俊玲老师的发现，继而是北京民间文艺家协会名誉主席赵书老师的肯定，北京民间文艺家协会副主席刘一达老师的点拨，紧接着是北京民间文艺家协会史燕明老师及苑柏老师不厌其烦地引导参加各类非遗展示。又有中国的“风筝哈”“花儿金”“葡萄常”“厨子舍”等名家的助力，《北京鸽哨》非遗项目在东城非遗保护中心主任杨建业，工作人员张磊、郭漾漾、孙泽浩、王磊的耐心指导下加入东城区非遗。请到东城区文学艺术界联合会做鸽哨非遗项目的保护单位，感谢北京电视台、北京广播电台、《北京日报》《北京晚报》《北京娱乐信报》《京华时报》《参考消息》的记者们付出的劳动。还有那些未曾谋面的各界领导、老师和朋友给予的帮助。

早已在心中冰冻的记忆，被一颗颗关怀的心融化。永字鸽哨这一璀璨的东城瑰宝终于展现在人们的眼前。

在本书出版之际，感谢北京市文学艺术界联合会、北京民间文艺家协会、东城区文学艺术界联合会、北京出版集团的领导和老师们付出的艰辛劳动和心血。

最后，衷心感谢那些为非遗工作默默奉献的工作者们，没有他们就没有非遗的今天。

尚利平

2016 年 9 月